Ons Haddad
Yosr Kadri
Yassmine Maatouk

O mundo bacteriano e a COVID-19

Ons Haddad
Yosr Kadri
Yassmine Maatouk

O mundo bacteriano e a COVID-19

Quais são as especificidades dos cuidados intensivos?

ScienciaScripts

Imprint

Cover image: www.ingimage.com

This book is a translation from the original published under ISBN 978-620-6-72579-4.

Publisher:
Sciencia Scripts
is a trademark of
Dodo Books Indian Ocean Ltd. and OmniScriptum S.R.L publishing group

120 High Road, East Finchley, London, N2 9ED, United Kingdom
Str. Armeneasca 28/1, office 1, Chisinau MD-2012, Republic of Moldova, Europe
Printed at: see last page
ISBN: 978-620-8-31845-1

Conteúdo

INTRODUÇÃO

Os co-patogénios bacterianos são frequentemente identificados em infecções virais do trato respiratório, como a gripe, e representam uma causa importante de morbilidade e mortalidade, exigindo um diagnóstico rápido e tratamento antibacteriano.

Embora altamente variável, a co-infeção bacteriana em doentes com gripe grave pode atingir 20-30% **[1,2]** e está associada a uma maior gravidade da doença e a um maior risco de morte. A prevalência, a incidência e as caraterísticas da infeção bacteriana em doentes infectados com o coronavírus 2 da síndrome respiratória aguda grave (SARS-CoV-2) não estão bem estudadas e são consideradas uma lacuna importante no conhecimento.

Embora os antibióticos sejam ineficazes no tratamento do coronavírus 2019 (COVID-19), são prescritos aos doentes com COVID-19 por várias razões. Em particular, é difícil excluir uma co-infeção bacteriana. Com base nas preocupações sobre o aumento da mortalidade em doentes com superinfeção bacteriana durante as pandemias de gripe, várias orientações recomendam a utilização de antibióticos empíricos para doentes com COVID-19 grave **[3,4]**. No entanto, este pressuposto suscita preocupações sobre o uso excessivo de antibióticos e os danos subsequentes associados à resistência bacteriana.

[1]Compreender a probabilidade de co-infeção bacteriana respiratória aguda em doentes com COVID-19, e os agentes patogénicos causadores, é, por conseguinte, essencial para o tratamento de doentes com COVID-19 e para contribuir para a utilização razoável de antibióticos e minimizar as consequências adversas da utilização excessiva. De facto, este conhecimento pode ter um impacto significativo nas recomendações para a gestão da terapêutica antibiótica empírica dos doentes com COVID-19.

Neste contexto, os objectivos deste estudo foram descrever as caraterísticas epidemiológicas e bacteriológicas das amostras microbiológicas positivas colhidas de pacientes com COVID-19, em relação ao período pré-COVID, nestas pessoas hospitalizadas na unidade de cuidados intensivos polivalentes do Hospital Universitário Fattouma Bourguiba Monastir.

CAPÍTULO 1

1. LEMBRETE BIBLIOGRÁFICO

1.1.Apresentação do SARS-CoV2

A pandemia de Covid-19 é uma doença respiratória altamente contagiosa **[5,6]**. Desde a sua declaração em dezembro de 2019 até 5 de julho de 2023, infectou 767 726 861 pessoas, resultando em 6 948 764 mortes em todo o mundo **[7]**.

Os sintomas habituais da COVID-19 imitam os da gripe e incluem febre, tosse, falta de ar, tosse seca, mal-estar e, em alguns casos, alterações do paladar e do olfato **[8]**. [1]A gravidade desta doença pode variar desde uma doença assintomática até à síndrome de dificuldade respiratória aguda (SDRA) e à morte **[9]**.

O coronavírus (CoV) foi identificado pela primeira vez em 1966 por Tyrell e Bynoe **[10]**. O CoV **(Figura 1)** pode afetar tanto os animais como os seres humanos. A estrutura do vírus é conhecida pela sua morfologia esférica típica com o núcleo do envelope e projecções de glicoproteínas a partir do seu envelope, dando-lhes a aparência de uma "coroa", daí o nome coronavírus **[11]**. Os nucleocapsídeos têm simetria helicoidal, com um genoma de ARN positivo localizado no envelope, o que lhes confere o maior genoma de todos os vírus de ARN. O SARS-CoV-2 pertence à ordem Nidovirales, família Coronaviridae, subfamília Orthocoronavirinae, género Betacoronavirinae e subgénero Sarbecovirus. A recombinação genética dentro de membros do mesmo género ou de géneros diferentes leva a um aumento da diversidade genética, resultando na disseminação para outras espécies e no aparecimento de novos vírus **[12]**.

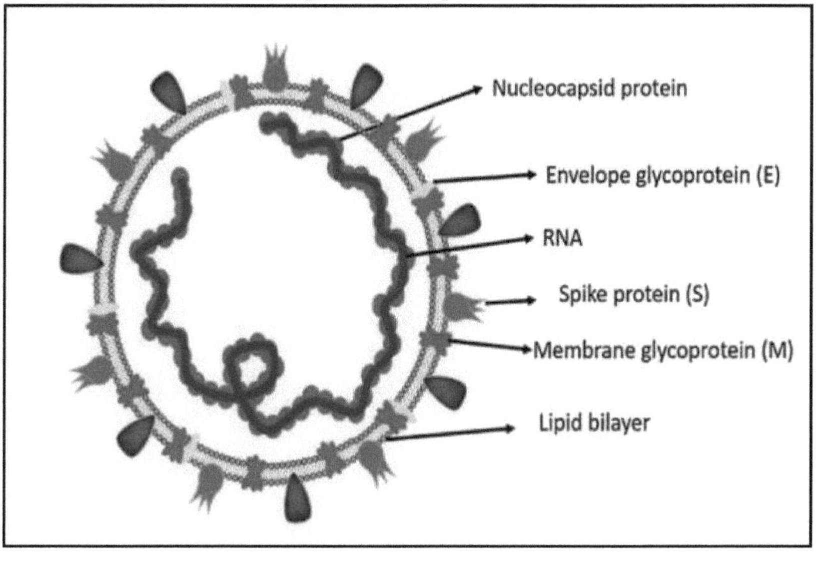

Figura 1: Estrutura do coronavírus humano responsável pela síndrome respiratória [13].

É importante determinar a fonte de origem e transmissão, de modo a desenvolver estratégias preventivas para conter a infeção. No caso do SARS-CoV, os investigadores concentraram-se inicialmente nos cães-guaxinim e nas civetas das palmeiras como o principal reservatório da infeção. No entanto, apenas as amostras isoladas de civetas no mercado alimentar deram resultados positivos para a deteção de ARN viral, sugerindo que as civetas das palmeiras poderiam ser hospedeiros secundários **[13]**.

De acordo com os dados actuais, o vírus da COVID-19 é transmitido principalmente entre indivíduos através de gotículas respiratórias e vias de contacto **[14]**.

1.2.Co-infecções e superinfeção microbiana na COVID-19

A co-infeção refere-se à infeção simultânea de um hospedeiro celular por duas ou mais espécies e/ou estirpes de agentes patogénicos, enquanto a superinfeção é um cenário em que um agente patogénico infecta o hospedeiro algum tempo antes da infeção pelo segundo agente patogénico **[15]**.

Em ambos os casos, o destino do hospedeiro infetado depende frequentemente de um equilíbrio entre a imunidade protetora do hospedeiro e a imunopatologia **[16]**. A ubiquidade ou incidência da co-infeção nos seres humanos é desconhecida, mas pensa-se por vezes que é mais comum do que a infeção isolada **[17]**. Os agentes patogénicos co-infectados podem alterar a população do agente patogénico primário. Por exemplo, Van der Hoek et al. referiram que, nas co-infecções respiratórias, a carga de coronavírus humano (hCoV) era muito inferior à de uma infeção isolada **[18]**.

As co-infecções podem ser causadas por múltiplos agentes infecciosos de origem viral, bacteriana, arqueana e fúngica **(Figura 2)**, e parecem ocorrer simultaneamente com o início da doença **[19]**.

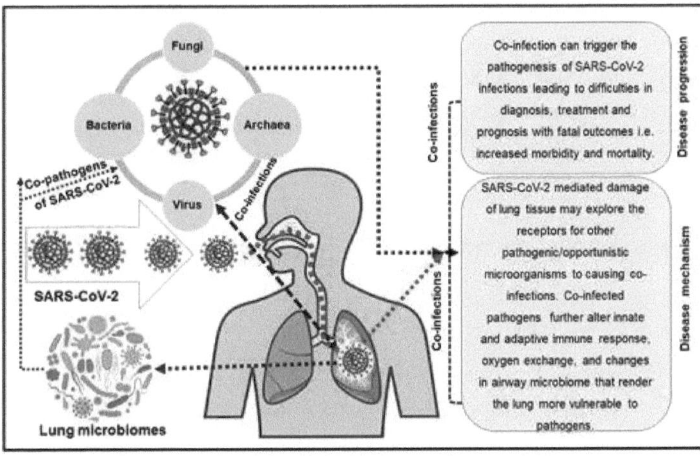

SARS-CoV-2: coronavírus da síndrome respiratória aguda grave 2

Figura 2: Inter-relação entre o SARS-CoV-2 e os microbiomas respiratórios que conduzem a co-infecções nos doentes COVID-19 [20].

Os doentes com COVID-19 podem estar co-infectados com diferentes domínios microbianos, incluindo vírus (que não o SARS-CoV-2), bactérias, archaea e fungos. Estas diversas comunidades microbianas complicam simultaneamente a fisiopatologia e a evolução das infecções por SARS-CoV-2.

A morbilidade das co-infecções já foi estudada em algumas coortes e é frequentemente referida como sendo pior do que a das infecções isoladas. Recentemente, vários estudos observacionais e de coorte referiram que ocorreram complicações pulmonares em 51,2% dos doentes com COVID-19, incluindo 82,6% de morte, e que os factores de risco independentes para a mortalidade foram o sexo masculino e a idade igual ou superior a 65 anos **[21]**. No entanto, a ocorrência de co-infeção em mortes em coortes de idade e sexo de doentes com COVID-19 ainda não foi estudada. As co-infecções na COVID-19 podem não ser captadas por grupo etário, e a heterogeneidade inexplicada na gravidade da COVID-19 pode dever-se a diferenças entre estudos na gravidade da doença, comorbilidades dos doentes, diferenças no tratamento (como a administração de corticosteróides), utilização de antibióticos antes e durante a hospitalização ou outras covariáveis não identificadas. No entanto, a subestimação das infecções bacterianas ou fúngicas secundárias desenvolve-se provavelmente mais tarde no decurso da COVID-19 **[20]**.

1.3.Possível fisiopatologia da infeção bacteriana secundária

O epitélio das vias respiratórias **(Figura 3)** é geralmente protegido por uma camada de muco. As mucinas, tipos de glicoproteínas carregadas, são os principais componentes do muco. Os tipos mais comuns de mucina na expetoração humana são a MUC5AC e a MUC5B, e apoiam o sistema imunitário inato com as suas propriedades antivirais e anti-inflamatórias, capturando e eliminando os vírus **[22]**.

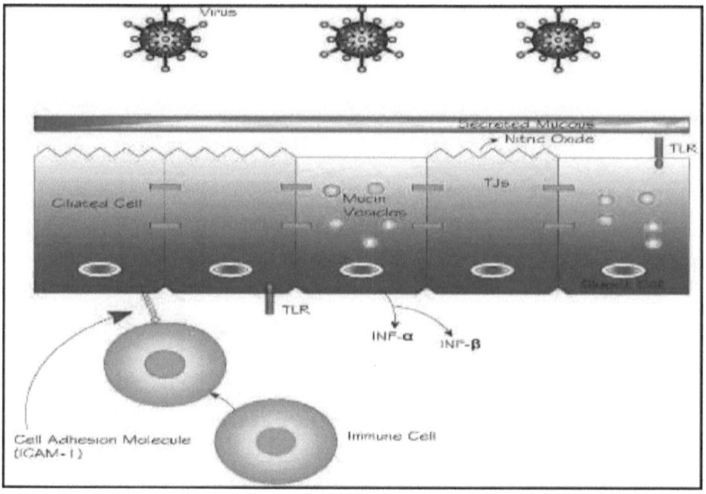

TLR: Receptores Toll-Like; INF: Interferão; ICAM-I: Molécula de Adesão Intercelular-1.

Figura 3: Modos de proteção do epitélio das vias aéreas [23].

Por outro lado, a produção excessiva destas mucinas pode ter um efeito contraproducente **[24]**. Para além do seu papel de proteção física, o epitélio das vias aéreas também reconhece microrganismos através de receptores de reconhecimento de padrões, como as helicases do tipo RIG (retinoic acidinducible gene), os receptores do tipo TLR (toll-like receptors) e os receptores do tipo NLR (nucleotidebinding oligomerization domain) **[23]**. Os NLR e as helicases do tipo RIG desencadeiam respostas imunitárias inatas através da deteção citosólica de componentes bacterianos e virais **[25]**. Nod1 e Nod2, que são membros da família NLR, são activados por moléculas sintetizadas durante a montagem e/ou degradação do peptidoglicano bacteriano **[26]**.

1.4. Efeito do vírus no sistema imunitário

A dessensibilização contínua pós-viral das células pulmonares aos sinais TLR pode contribuir para a pneumonia bacteriana secundária associada à infeção viral. Por exemplo, as vias TLR4 e TLR5 são deformadas após a infeção viral, levando a um enfraquecimento do mecanismo de atração dos neutrófilos e, por conseguinte, a uma maior fixação do *Streptococcus pneumonia* e *da Pseudomonas aeruginosa* às células epiteliais das vias respiratórias **[25]**. A interação entre um vírus e a célula hospedeira durante uma doença induz respostas imunitárias que incluem a geração de moléculas pró-inflamatórias. Apesar do seu papel importante como bactericidas, as citocinas pró-inflamatórias, como o TNF-a, sintetizadas em resposta à doença podem ser prejudiciais para as células hospedeiras **[27]**. Durante a doença viral, a ativação dos receptores TLR e RIG-I-like resulta na síntese de IFNs de tipo I, que podem aumentar a resposta inflamatória aos ligandos TLR, incluindo o lipopolissacárido (LPS) **[28]**.

Além disso, certas bactérias, como o *Staphylococcus aureus*, incorporam-se nas células epiteliais respiratórias (células basais alveolares humanas com adenocarcinoma) durante a doença viral respiratória, estimulando a expressão de ICAM-1 **[29]**.

Finalmente, a interação entre Nod1/Nod2 e IFNs de tipo I leva ao reconhecimento de bactérias, mas indica efeitos nocivos nas células hospedeiras **[30]**.

O quadro I apresenta os co-patogénios bacterianos habitualmente notificados no caso da COVID-19, o seu modo de transmissão, o possível mecanismo de co-infeção e os resultados.

Quadro I: Co-patógenos microbianos frequentemente notificados no contexto da COVID-19, seu modo de transmissão, possível mecanismo de co-infeção e resultados [20].

Tipo de co-infeção	Co-patogénicos	Via de transmissão	Transmissão de pessoa para pessoa	Possíveis mecanismos de co-infeção e patogénese	Resultados possíveis
Bacteriano	*Streptococcus pneumoniae*	Respiratório	Sim	Flora oportunista normal do trato respiratório superior humano	Dificuldade respiratória grave seguida de derrame pleural e pneumonia necrotizante, com uma taxa de mortalidade mais elevada.
	Staphylococcus aureus	Respiratório/digestivo/contacto	Sim	Flora oportunista normal do trato respiratório superior, da mucosa intestinal e da pele do ser humano	Pneumónica necrosante. Bactérias e maior mortalidade.
	Pseudomonas aeruginosa	Contacto	Sim	Agente patogénico oportunista que causa IACS, principalmente associado a falta de higiene, ventilação mecânica e cateterização urinária.	ND
	Acinetobacter baumannii	Contacto	Sim	Ventilação mecânica	ND
	Klebsiella pneumoniae	Respiratório/Contacto	Sim	Flora oportunista normal da boca, da pele e dos intestinos humanos	Septicemia mortal.
	Mycoplasma pneumoniae	Respiratório/contacto	Sim	ND	Pneumónica grave. Aumento da morbilidade, da mortalidade e da gravidade da doença.
	Clamydia pneumoniae	Respiratório/contacto	Sim	ND	Pneumónica grave.

IACS: Infecções Associadas aos Cuidados de Saúde; COVID-19: Coronavírus 2019; SARS-CoV-2: Coronavírus da Síndrome Respiratória Aguda Grave 2; ND: Não determinado

Quadro I: Co-patógenos microbianos frequentemente notificados no contexto da COVID-19, seu modo de transmissão, possível mecanismo de co-infeção e resultados [20].

Tipo de co-infeção	Co-patogénicos	Via de transmissão	Transmissão de pessoa para pessoa	Possíveis mecanismos de co-infeção e patogénese	Resultados possíveis
	Legionella pneumophila	Digestivo/Respiratório	Sim	ND	Elevação da aspartato aminotransferase, do azoto ureico no sangue, da creatinina, da desidrogenase láctica e da proteína C-reactiva.
	Haemophilus influenzae	Respiratório/contacto	Sim	Flora oportunista normal do trato respiratório superior humano	ND
	Neisseria meningitides	Respiratório/contacto	Sim	ND	Convulsão, proteína C reactiva elevada, dor de cabeça, rigidez da nuca, arrepios, confusão e nova erupção purpúrica nas mãos e nos pés.
	Mycobacterium tuberculosis	Respiratório	Sim	A tempestade de citocinas produzida pela COVID-19 pode reativar a tuberculose latente ou estimular o desenvolvimento de tuberculose ativa. As lesões pulmonares causadas pela tuberculose podem também aumentar a gravidade da doença causada pelo SARS-CoV-2.	A co-infeção está associada tanto à gravidade como à taxa de progressão da doença. Foi registado um risco de morte 2,2 vezes superior e um risco de recuperação 25% inferior. Além disso, foi observado um tempo mais curto para a morte e um tempo mais longo para a recuperação.

IACS: Infecções Associadas aos Cuidados de Saúde; COVID-19: Coronavírus 2019; SARS-CoV-2: Coronavírus da Síndrome Respiratória Aguda Grave 2; ND: Não determinado

1.5.Tratamento

A prevenção é a melhor forma de evitar a infeção pela COVID-19. A Organização Mundial de Saúde recomenda uma série de práticas de higiene e pessoais, tais como a lavagem regular das mãos com água e sabão, a utilização de desinfectantes para as mãos à base de álcool etílico (etanol), álcool isopropílico (isopropanol, propan-2-ol) e n-propanol, a higiene respiratória e o distanciamento social **[31]**.

O SARS-COV2 tem uma elevada frequência de mutação e recombinação genómica, o que representa um grande desafio para a síntese de uma vacina eficaz **[32]**.

O tratamento antimicrobiano pode desempenhar um papel crucial na terapia da co-infeção fúngica ou bacteriana respiratória confirmada ou suspeita. Esta terapia pode ser empírica ou direcionada para os doentes infectados. Os sintomas respiratórios da COVID-19 e as alterações radiográficas do tórax podem imitar os da pneumonia bacteriana atípica e, por conseguinte, dificultar a interpretação por parte dos clínicos **[33]**. Por conseguinte, a terapia antimicrobiana empírica é adequada para a pneumonia bacteriana/fúngica nestes doentes **[23]**.

A terapia antibiótica mostrou resultados terapêuticos positivos em vários estudos clínicos **[34]**. As cefalosporinas, os carbapenemes e as quinolonas são boas escolhas iniciais para os doentes com COVID-19 em conjunto com agentes antivirais **[35]**.

Uma vez que os antibióticos empíricos podem ser benéficos, é crucial ter em conta os efeitos secundários e a propagação da resistência antimicrobiana **[23]**. Os médicos preocupados com as infecções secundárias devem recorrer a testes de suscetibilidade institucionais e/ou ter em conta a resistência local aos medicamentos e os padrões epidemiológicos hospitalares ao escolherem regimes empíricos **[23]**. Uma solução possível para apoiar a prescrição de antimicrobianos na COVID-19 é a utilização de biomarcadores específicos de bactérias, como a procalcitonina **[36]**. De facto, foi demonstrado que a procalcitonina ajuda a diferenciar entre infecções bacterianas e virais **[36]**.

CAPÍTULO 2

2. MATERIAIS E MÉTODOS

2.1. Equipamento

[er]Trata-se de um estudo retrospetivo efectuado na unidade de cuidados intensivos do Hospital Universitário Fattouma Bourguiba de Monastir durante um período de 2 anos, de 1 de abril de 2020 a 31 de março de 2022.

2.1.1. Critérios de inclusão

[1]Foram incluídos doentes com idade igual ou superior a 18 anos hospitalizados na unidade de cuidados intensivos gerais por insuficiência respiratória aguda secundária a infeção por SARS-CoV2. O diagnóstico desta infeção foi confirmado por uma RT-PCR positiva para o SARS-CoV2 numa amostra nasofaríngea ou numa amostra do trato respiratório inferior se o doente estivesse em ventilação mecânica.

2.1.2. Critérios de exclusão

Foram excluídos todos os doentes hospitalizados há menos de 48 horas na unidade de cuidados intensivos gerais do Hospital Universitário Fattouma Bourguiba de Monastir.

2.1.3. Recolha de dados

Os dados dos doentes foram recolhidos através de fichas de recolha de dados preenchidas a partir dos registos médicos dos doentes internados na unidade de cuidados intensivos, incluindo para cada doente os dados necessários ao nosso estudo. Estes incluíam :

- Dados demográficos
- Dados microbiológicos
- Dados em evolução

2.2.1. Métodos

2.2.2. Diagnóstico biológico da co-infeção

2.2.2.1. Retiradas

Foi diagnosticada uma co-infeção ou super-infeção quando um dos seguintes testes microbiológicos foi positivo numa destas amostras:

- Amostragem não invasiva do trato respiratório: exame citobacteriológico da expetoração (TCC). O TCC foi efectuado após a desinfeção da cavidade oral com um anti-sético e durante um esforço de tosse (assistido por cinesiterapia, se necessário). Antes da realização da cultura, foi efectuado um exame microscópico para avaliar a qualidade da amostra. A presença de células epiteliais com um valor superior a 25 células por campo indica uma má qualidade da amostra. A presença de polinúcleos > 25 por campo ou de bactérias no interior dos polinúcleos constituía um critério de infeção.

- Amostragem respiratória invasiva para ventilação mecânica. A amostragem broncoalveolar minilavagem (BAL) foi a mais frequentemente utilizada.

Hemoculturas: foram efectuadas, se possível, antes de qualquer tratamento com antibióticos. Após desinfeção da pele com iodopovidona, foram enviados dois frascos de hemoculturas aeróbias e anaeróbias para o laboratório de microbiologia. Se se suspeitasse de uma infeção fúngica, eram também enviadas hemoculturas em meio fúngico para o laboratório de parasitologia.

2.2.2.2. Critérios de diagnóstico

O diagnóstico de co-infeção/superinfeção pulmonar foi feito com base em critérios clínicos, biológicos e radiológicos, e confirmado por testes microbiológicos positivos.

Os principais sinais clínicos de suspeita foram a febre, a hipotermia e a tosse com aumento da produção de expetoração. Nos doentes com ventilação mecânica, verificou-se um aumento das secreções traqueais e/ou da purulência. A perturbação das trocas gasosas foi também um critério de suspeição. A presença de estertores na auscultação também foi levada em consideração **[37]**.

Os principais critérios biológicos de suspeita foram a elevação dos marcadores inflamatórios: proteína C-reactiva (PCR) e procalcitonina, e a ocorrência de hiperleucocitose polinuclear ou leucopenia.

As principais caraterísticas radiológicas incluíam a presença de condensação e/ou derrame pleural na imagiologia torácica.

Um resultado microbiológico positivo nas primeiras 48 horas de admissão foi considerado uma co-infeção e, a partir daí, uma super-infeção.

2.2.2.3. Identificação da estirpe

A identificação bacteriana foi efectuada utilizando métodos laboratoriais convencionais de microbiologia **(Quadro II)**: aspeto das colónias, tempo de crescimento, coloração de Gram, caraterísticas metabólicas utilizando microgalerias API (bio-Merieux, França) **(Figura 4)**.

Quadro II: Caraterísticas microbiológicas das diferentes espécies estudadas.

Espécies bacterianas	Caraterísticas microbiológicas
Staphylococcus aureus	Cocos Gram-positivos agrupados em grupos, positivos para manitol, produtores de catalase, coagulase e desoxirribonuclease
Staphylococcus a coagulase negativo	Cocos Gram-positivos em grupos, produzindo catalase, sem coagulase ou DNase.
Enterobactérias	Bacilos Gram-negativos, oxidase negativa, API 20E (bio-Merieux, França).
Pseudomonas aeruginosa	Bacilo Gram-negativo, não fermentador, móvel, aeróbio estrito, oxidase positiva,

	produção de pioverdina e/ou piocianina, API 20NE (bio-Merieux, França).
Acinetobacter baumannii	Bacilo Gram-negativo, não fermentador, aeróbio estrito, crescimento oxidase-negativo em meio Breath Heartinfusion, a 44°C, API 20NE (bio-Merieux, França)
Enterococcus faecalis, Enterococcus faecium, Streptococcus spp.	Cocos Gram-positivos em cadeias, catalase negativa, crescimento em meio hipersalino e em meio de bile esculina em enterococos, api 20 Strepto (bio-Merieux, França).

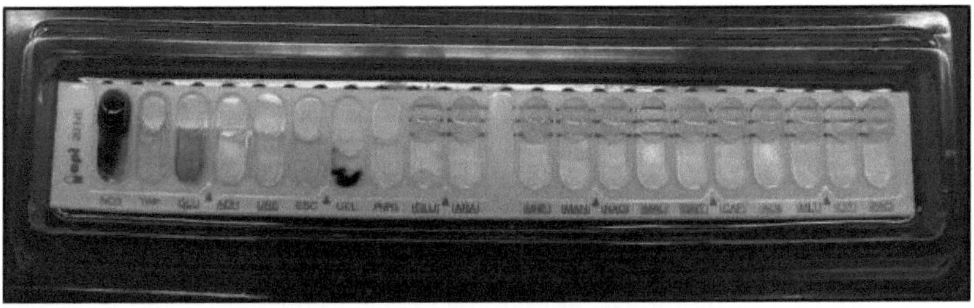

Figura 4: Galeria API 20NE

2.2.3. Estudo da sensibilidade aos antibióticos

O teste de suscetibilidade aos antibióticos foi efectuado utilizando a técnica de difusão por invasão em gelose de Mueller-Hinton, de acordo com as recomendações do Comité de Antibiogramas da Societe Frangaise de Microbiologie (CA- SFM). Os antibióticos testados estão descritos no **quadro III**.

Tabela III: Antibióticos testados durante o antibiograma de cada espécie.

Espécies	Antibióticos testados
estafilococos	FOX: cefoxitina, PG: penicilina G, E: eritromicina, L: lincomicina, PT: pristinamicina, GN: gentamicina, TET: tetraciclina, CIP: ciprofloxacina, C: cloranfenicol, AF: ácido fusídico, RIF: rifampicina, SXT: sulfonamida + trimetoprim, FOS: fosfomicina, VAN: vancomicina, TEC: teicoplanina.
enterobactérias	AMX: amoxicilina, AMC: amoxicilina + ácido clavulânico, CF: cefalotina, CTX: cefotaxima, IMP: imipenem, GN: gentamicina, AN: amicacina, CIP: ciprofloxacina, SXT: sulfonamida +trimetoprim.
Pseudomonas aeruginosa	TIC: ticarcilina, TCC: ticarcilina + ácido clavulânico, PIP: piperacilina, TZP: piperacilina + tazobactam, CAZ: ceftazidima, IMP: imipenem, GN: gentamicina, AN: amicacina, RIF: rifampicina, CS: colistina, CIP: ciprofloxacina.
Acinetobacter baumannii	ticarcilina, TCC: ticarcilina + ácido clavulânico, PIP: piperacilina, TZP: piperacilina + tazobactam, CAZ: ceftazidima, IMP: imipenem,

	GN: gentamicina, AN: amicacina, RIF: rifampicina, CS: colistina, CIP: ciprofloxacina.
enterococos	Ampicilina, OXA: Oxacilina, GN: Gentamicina 500pg, S: Estreptomicina 500pg, K: Canamicina 1000pg, FT: Nitrofuranos, C: Cloranfenicol, TET: Tetraciclina, E: Eritromicina, L: Lincomicina, PT: Pristinamicina, SXT: Cotrimoxazol, RIF: Rifampicina, Fluoroquinolonas, VAN: Vancomicina, TEC: Teicoplanina
estreptococos	PG: Penicilina G, AMX: Amoxicilina, OXA: Oxacilina, GN: Gentamicina 500pg, S: Estreptomicina 500pg, K: Canamicina 1000 pg, TET: Tetraciclina, E: Eritromicina, L: Lincomicina, PT: Pristinamicina, C: Cloranfenicol, SP: Espiramicina, SXT: Cotrimoxazol, Fluoroquinolonas, RIF: Rifampicina, VAN: Vancomicina, TEC: Teicoplanina.

2.3.Análise estatística

Todos os dados foram introduzidos e analisados utilizando a 20ª versão do IBM SPSS (Statistical Package for The Social Science) para Windows.

Para as variáveis qualitativas, são calculadas percentagens e efectivos.

Para as variáveis quantitativas, foram calculadas as médias mais ou menos o desvio padrão. As comparações das variáveis qualitativas (percentagens) entre os períodos estudados foram feitas através do teste do Qui-quadrado de Pearson e do teste exato de Fisher se um dos números calculados fosse inferior a 5. Para a comparação das variáveis quantitativas (duas médias) optou-se pelo teste t de Student. As diferenças foram consideradas estatisticamente significativas para um valor de $p < 0,05$.

3. RESULTADOS

3.1.Período COVID-19

3.1.1. Perfil epidemiológico

3.1.1.1. Número de isolados bacterianos

Durante o período da COVID-19, foram isolados 470 isolados bacterianos a partir de amostras bacteriológicas recebidas da unidade de cuidados intensivos. Estes isolados corresponderam a 218 doentes.

3.1.1.2. Frequência dos levantamentos por mês

Ao longo do nosso período de estudo, o número de isolados bacterianos variou de mês para mês, com valores que oscilaram entre 2 e 46 e um máximo registado em maio de 2021 **(Figura 5)**.

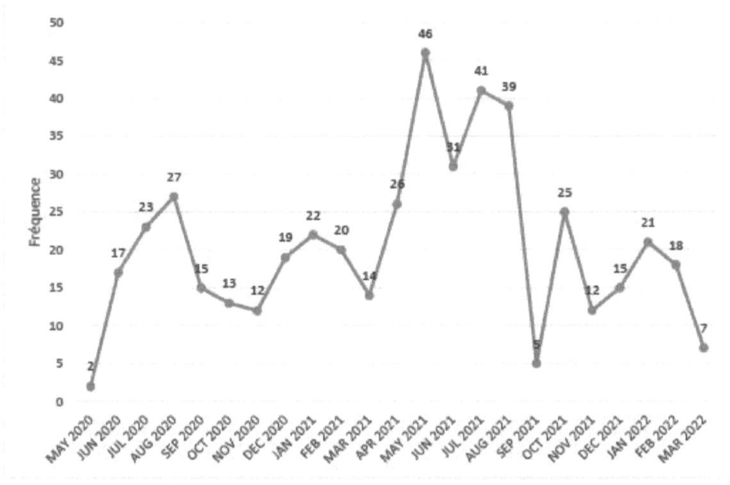

Figura 5: Distribuição mensal de isolados bacterianos de doentes positivos para a COVID-19 na unidade de cuidados intensivos

3.1.1.3. Idade

A idade média dos doentes era de 62,5 anos, com um desvio padrão de 12,5.

3.1.1.4. Género

Cento e trinta e oito doentes eram do sexo masculino (63,3%), o que corresponde a um rácio de sexo (M/F) de 1,7.

3.1.2. Perfil bacteriológico

3.1.2.1. Distribuição dos germes isolados por género e espécie

No nosso estudo, foram recolhidos 470 germes, dos quais 366 eram bacilos gram-negativos (GNB), ou seja, uma taxa de 77,9%, e 104 cocos gram-positivos (GPC), ou seja, 22,1% de todos os isolados.

Os BGN identificados foram divididos em 178 BGN não fermentativos (NFGN), incluindo 98 estirpes de *Acinetobacter baumannii,* 65 estirpes de *Pseudomonas aeruginosa* e 187 enterobactérias. As principais enterobactérias foram *a Klebsiella pneumoniae* (78 estirpes) e *a Escherichia coli* (45 estirpes). Dos 104 CGP isolados, os estafilococos representaram 92,3% (n=96), com predomínio dos estafilococos coagulase-negativos (n=59) **(Tabela IV)**.

Tabela IV: Distribuição dos germes isolados de doentes com COVID-19 na unidade de cuidados intensivos gerais

Germes isolados	Número de estirpes isoladas	Percentagem
bacilos gram-negativos	**366**	77,9%
Enterobactérias	**187**	**39,8%**
Klebsiella pneumoniae	78	16,7%
Escherchia coli	45	9,6%
Serratia marcescens	19	4%
Enterobacter cloacae	16	3,4%
Enterobacter aerogenes	9	1,9%
Proteus mirabilis	7	1,5%
Morganella morganii	4	0,9%
Citrobacter koseri	3	0,6%
Klebsiella oxytoca	3	0,6%
Proteus vulgaris	1	0,2%
Providencia rettgeri	1	0,2%
Providencia stuartii	1	0,2%
bacilos gram-negativos não fermentativos	**178**	**37,9%**
Acinetobacter baumannii	98	20,9%
Pseudomonas aeruoginosa	65	13,8%
Stenotrophomonas Maltophilia	15	3,2%
Outros bacilos Gram-negativos	**1**	**0,2%**
Haemophilus influenzae	1	0,2%
cocos gram-positivos	**104**	**22,1%**
Staphylococci	**96**	**20,4%**
Staphylococcus aureus	20	4,3%
Staphylococcus epidermidis	9	1,9%
Staphylococcus haemolyticus	6	1,3%
Staphylococcus hominis	2	0,4%
Outros SNA	59	12,5%
Enterococos	**7**	**1,5%**
Enterococcus faecium	4	0,9%
Enterococcus faecalis	3	0,6%
Estreptococos	**1**	**0,2%**
Streptococcus pneumoniae	1	0,2%

Total	470	100%

SCN: staphylococcus a coagulase negativo

3.1.2.2. Distribuição mensal dos isolados bacterianos

Durante o período de estudo, o número de germes variou de mês para mês. Em julho de 2021, registou-se um pico com um total de 37 isolados de BGN identificados, enquanto o CGP e o BGNNF atingiram o pico em maio de 2021 **(Figura 6)**.

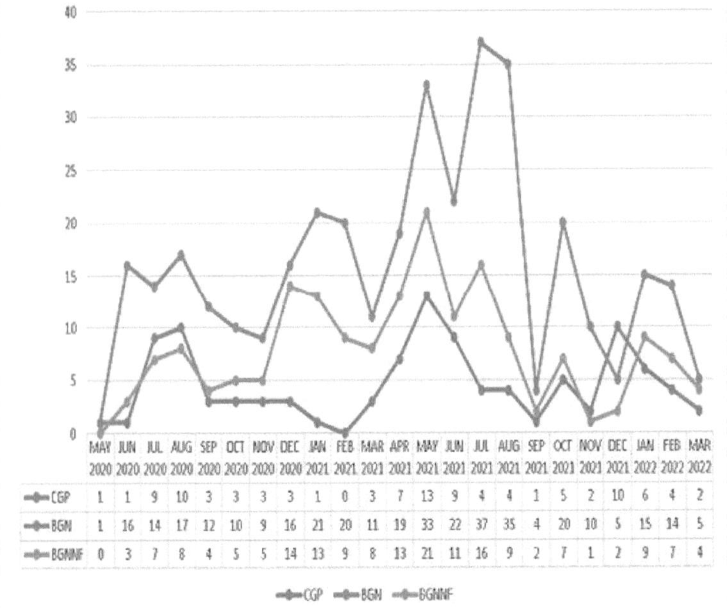

CGP: cocos gram-positivos; BGN: bacilos gram-negativos; BGNNF: BGN não fermentativo

Figura 6: Distribuição mensal dos diferentes grupos de isolados bacterianos em doentes com COVID-19 positivo na unidade de cuidados intensivos gerais

3.1.2.3. Natureza das amostras bacteriológicas

Os isolados bacterianos no nosso estudo corresponderam a 418 amostras positivas. Estas foram maioritariamente aspirados traqueais (n= 163; 39%), hemoculturas (n=97; 23,3%), amostras de material (n=52; 12,4%) e amostras de urina (n=48; 11,5%) **(Tabela V)**.

Tabela V: Tipo de amostras bacteriológicas positivas colhidas de doentes positivos para a COVID-19 na unidade de cuidados intensivos

	Número de amostras	Percentagem
Aspiração traqueal	163	39%

Cultura de sangue	97	23,3%
Imposição sobre o equipamento	52	12,4%
ECBU	48	11,5%
Cuspir	3	0,7%
Mais profundo ou menos profundo	3	0,7%
QCA	1	0,2%
Outros	51	12,2%
Total	**418**	**100%**

ECBU: exame citobacteriológico da urina; LCR: líquido cefalorraquidiano Outros: líquido de punção, dreno

Distribuição das estirpes bacterianas por local de amostragem

No nosso estudo, 187 BGN foram isolados de aspirados traqueais (51,1%) e 57 CGP foram isolados de hemoculturas (54,8%) **(Tabela VI)**.

Tabela VI: Distribuição das estirpes bacterianas por tipo de amostra

Tipo de amostra	BGN (n=366)	Enterobactérias (n=187)	BGNNF (n=178)	CGP (n=104)
Aspiração traqueal	187 (51,1%)	69 (36,9%)	117 (65,7%)	12 (11,5%)
Cultura de sangue	43 (11,7%)	17 (9,1%)	26 (14,6%)	57 (54,8%)
Imposição sobre o equipamento	34 (9,3%)	22 (11,8%)	12 (6,8%)	23 (22,1%)
ECBU	42 (11,5%)	30 (16%)	12 (6,7%)	7 (6,7%)
Cuspir	4 (1,1%)	1 (0,5%)	3 (1,7%)	0 (0,0%)
Mais profundo ou menos profundo	3 (1,7%)	2 (1,1%)	1 (1%)	1 (1%)
QCA	0 (0,0%)	0 (0%)	0 (0,0%)	1 (1%)
Outros	53 (13,6%)	46 (24,6%)	7 (3,5%)	3 (2,9%)

ECBU: exame citobacteriológico da urina; LCR: líquido cefalorraquidiano; Outros: líquido de punção, dreno

BGN: bacilos gram-negativos; BGNNF: bacilos gram-negativos não fermentativos; CGP: cocos gram-positivos.

A maioria das enterobactérias e BGNNF foram isoladas de aspirados traqueais, com taxas de isolamento de 36,9% e 65,7%, respetivamente.

3.1.2.4. Resistência das bactérias aos antibióticos

- Perfil de resistência aos antibióticos em bacilos Gram-negativos não fermentativos

As estirpes *de A. baumannii* eram resistentes à ceftazidima, ao imipenem, à ciprofloxacina, à amicacina e à colistina em 88,8%, 88,8%, 93,9%, 51% e 0% dos casos, respetivamente. Estas taxas foram de 10,8%, 16,9%, 13,9%, 7,7% e 0%, respetivamente, para a *P. aeruginosa.* A taxa de resistência de *A. baumannii* à tigeciclina foi de 24,5% **(Figura 7)**.

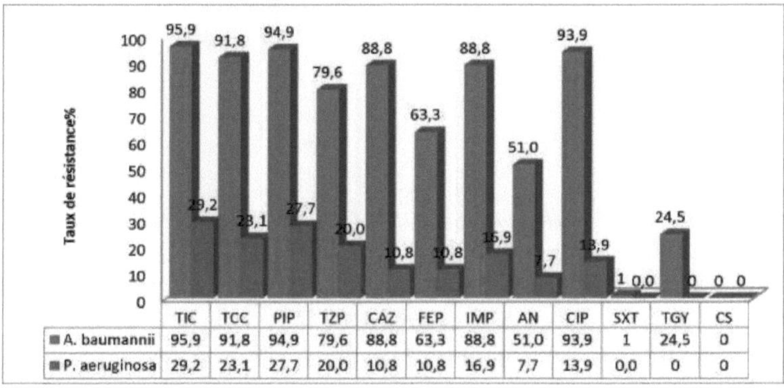

A. baumannii: Acinetobacter baumannii; P. aeruginosa: Pseudomonas aeruoginosa; TIC: Ticarcilina; TCC: Ticarcilina-ácido clavulânico; PIP: Piperacilina; TZP: Piperacilina-tazobactam; CAZ: Ceftazidima; FEP: Cefepima; IMP: Imipeneme; AN: Amicacina; CIP: Ciprofloxacina; SXT: Trimetoprim-sulfametoxazol; TGY: Tigeciclina; CS: Colistina

Figure 7: Perfis de resistência a antibióticos em *A. baumannii* e *P. aeruginosa*

As estirpes *de Stenotrophomonas maltophilia* eram resistentes ao ácido ticarcilina-clavulânico, à ceftazidima, ao trimetoprimesulfametoxazol e à levofloxacina em 53,3%, 66,7%, 26,7% e 0% dos casos, respetivamente **(Figura 8)**.

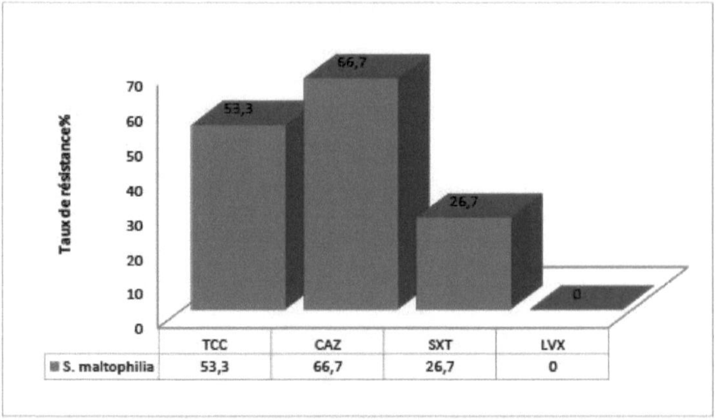

S. maltophilia: *Stenotrophomonas maltophilia; TCC: Ácido ticarcilina-clavulânico; CAZ: Ceftazidima; SXT: Trimetoprim-sulfametoxazol; LVX: Levofloxacina*

Figure 8: Taxa de resistência de *Stenotrophomonas maltophilia* aos antibióticos

- Perfil de resistência das enterobactérias aos antibióticos

As estirpes *de E. coli* eram resistentes à cefotaxima, ao imipenem, à ciprofloxacina, à gentamicina e ao trimetoprimesulfametoxazol em 35,6%, 2,2%, 68,9%, 9,3% e 68,9% dos casos, respetivamente. Estas taxas foram de 42,3%, 23,1%, 51,3%, 16,1% e 50%, respetivamente, em *K. pneumoniae* **(Figura 9)**.

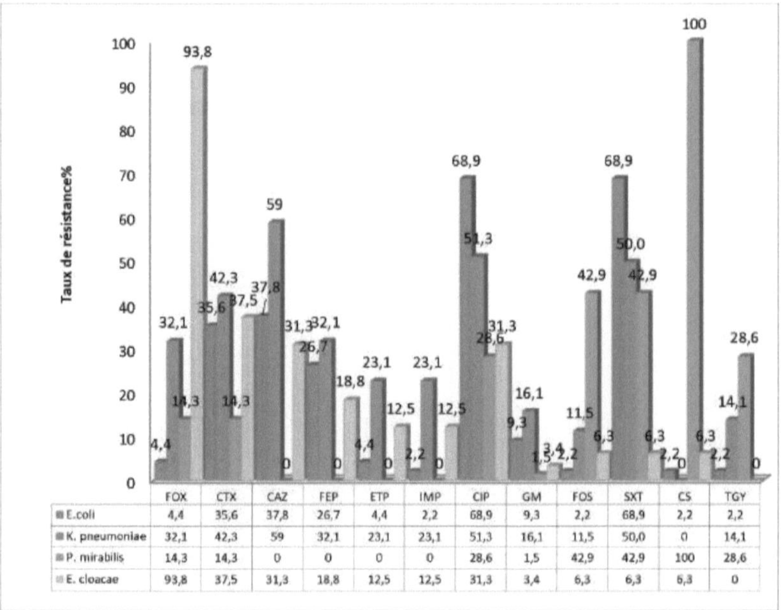

E. coli: Escherchia coli; K. pneumoniae: Klebsiella pneumoniae; P. mirabilis: Proteus mirabilis; E. cloacae: Enterobacter cloacae; FOX: Cefoxitina; CTX: Cefotaxima; CAZ: Ceftazidima; FEP: Cefepima; ETP: Ertapeneme; IMP: Imipeneme; CIP: Ciprofloxacina; GM: Gentamicina; FOS: Fosmomicina; SXT: Trimetoprim-sulfametoxazol; CS: Colistina; TGY: Tigeciclina

Figura 9: Taxas de resistência aos antibióticos em Enterobacteriaceae

A resistência à meticilina em *S. aureus* e SCN foi de 45% e 71,2%, respetivamente.

Os nossos isolados *de S. aureus* eram resistentes à eritromicina, norfloxacina, fosfomicina, ácido fusídico e rifamicina em 40%, 40%, 25%, 55% e 15% dos casos, respetivamente. Estas taxas foram de 81,4%, 59,3%, 27,1%, 71,2% e 40,7%, respetivamente, no SCN **(Figura 10)**.

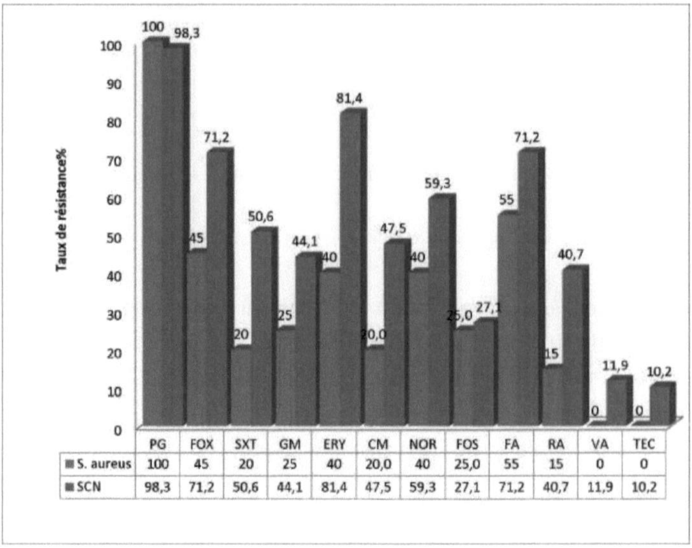

	PG	FOX	SXT	GM	ERY	CM	NOR	FOS	FA	RA	VA	TEC
S. aureus	100	45	20	25	40	20,0	40	25,0	55	15	0	0
SCN	98,3	71,2	50,6	44,1	81,4	47,5	59,3	27,1	71,2	40,7	11,9	10,2

S. aureus: Staphylococcus aureus; SCN: Staphylococcus a coagulase negativo; PG: Penicilina G; FOX: Cefoxitina; SXT: Trimetoprim-sulfametoxazol; GM: Gentamicina; ERY : Eritromicina; CM: Clindamicina; NOR: Norfloxacina; FOS: Fosfomicina; FA: Ácido fusídico; RA: Rifamicina; VA: Vancomicina; TEC: Teicoplanina

Figura 10: Perfil de resistência aos antibióticos dos estafilococos

Os nossos sete isolados enterocócicos incluíam quatro estirpes de *E. faecium* e três estirpes de *E. faecalis*. Os fenótipos de resistência observados são apresentados na **Figura 11**.

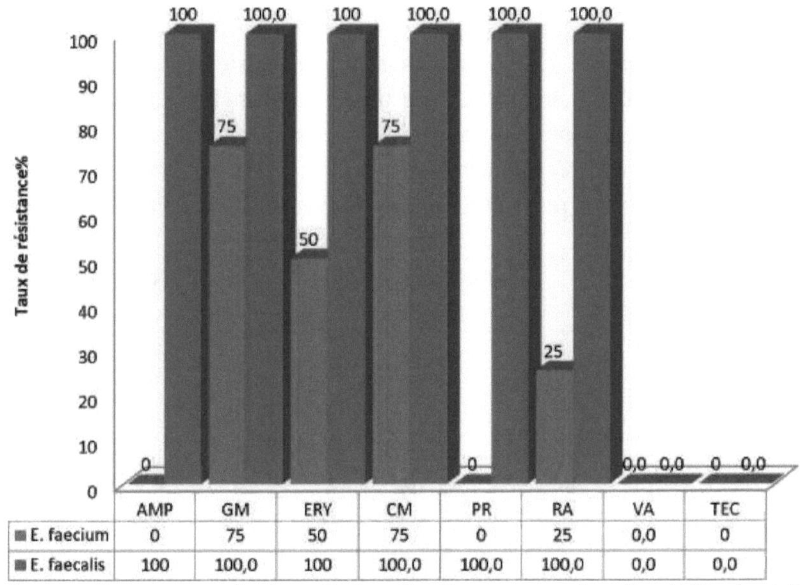

E. faecium: Enterococcus faecium; E. faecalis: Enterococcus faecalis; AMP: Ampicilina; GM: Gentamicina; ERY: Eritromicina; CM: Clindamicina; PR: Pristinamicina; RA: Rifamicina; VA: Vancomicina; TEC: Teicoplanina

Figure 9: Taxa de resistência aos antibióticos em enterococos

3.1.3. Perfil de multirresistência bacteriana

3.1.3.1. Distribuição de bactérias multi-resistentes

Durante o período de estudo, identificámos 185 BGN de um total de 470 estirpes isoladas, ou seja, uma taxa de 39,4%. Os BGN multirresistentes eram a maioria (n=176; 95,1%), representados principalmente por NFNGS multirresistentes (n=110; 59,4%) **(Figura 12)**.

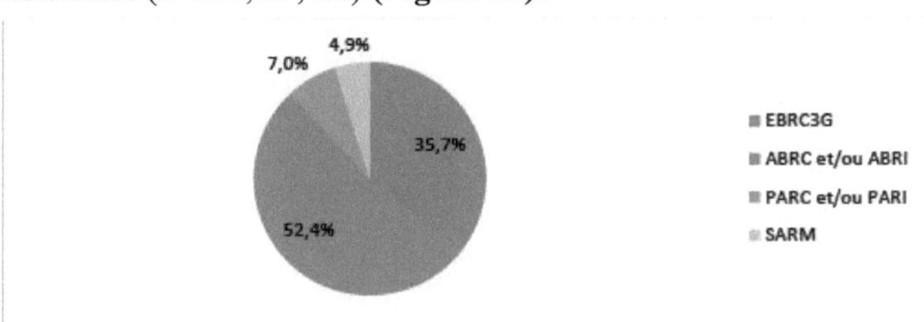

emmEBRC3G: enterobactérias resistentes a cefalosporinas de 3 geração. CARL e/ou CRL: A. baumannii resistente à ceftazidima e/ou ao imipenem. PARC e/ou PARI: P. aeruginosa resistente à ceftazidima e/ou ao imipenem SARM: S. aureus resistente à meticilina.

Figure 12: Distribuição de bactérias multi-resistentes

As nossas estirpes *de A. baumannii* e *P. aeruginosa* resistentes à ceftazidima e/ou ao imipenem representaram 52,4% (97 estirpes) e 7% (13 estirpes) do total de BMR, respetivamente. [eil]As Enterobacteriaceae resistentes às cefalosporinas de 3ª geração representaram 58,3% (66 estirpes) da nossa BMR total. Relativamente ao PCG, foram isoladas 9 estirpes de *S. aureus* resistente à meticilina (MRSA) (4,9%) **(Quadro VII)**.

Quadro VII: Número e percentagem dos diferentes tipos de multi resistente

	Número de estirpes BMR	**Percentagem**
BGN	176	95,1%
EBRC3G	**66**	**35,7%**
E-BLSE	60	32,4%
ERC	21	11,4%
CARL/I	**97**	**52,4%**
PARC/I	**13**	**7%**
CGP	9	**4,9%**
MRSA	9	4,9%
Total	**185**	**100,0%**

[eme]BMR: bactérias multirresistentes; EBRC3G: enterobactérias resistentes às cefalosporinas de 3.ª geração; E-BLSE: enterobactérias produtoras de beta-lactamases de espetro alargado; ERC: enterobactérias resistentes aos carbapenemes; ABRC/I: A. baumannii resistente à ceftazidima e/ou ao imipenem; PARC/I: P. aeruginosa resistente à ceftazidima e/ou ao imipenem; MRSA: S. aureus resistente à meticilina.

12.1.3.2. Distribuição das bactérias multi-resistentes por tipo de amostra

Os BMRs foram identificados principalmente em 107 aspirados traqueais (57,8%) e 29 hemoculturas (15,6%) **(Figura 13)**.

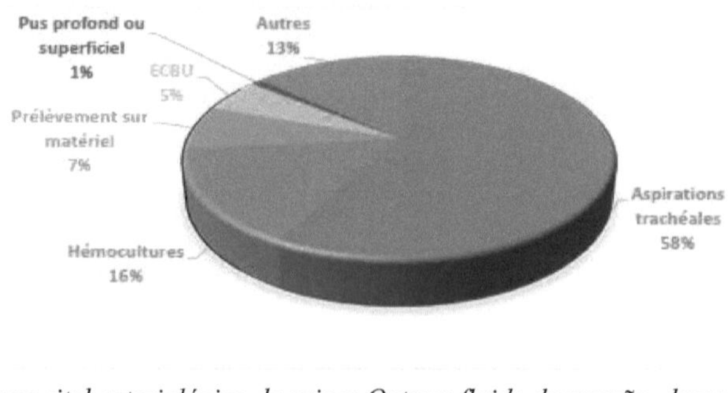

ECBU: exame citobacteriológico da urina; Outros: fluido de punção, dreno.

Figura 13: Distribuição de bactérias multi-resistentes por tipo de amostra

13.1.4. Progresso do doente

Dos doentes admitidos nos cuidados intensivos com infeção por COVID-19 e que desenvolveram uma infeção bacteriana, 86,2% (n=188) morreram durante o internamento **(Figura 14)**.

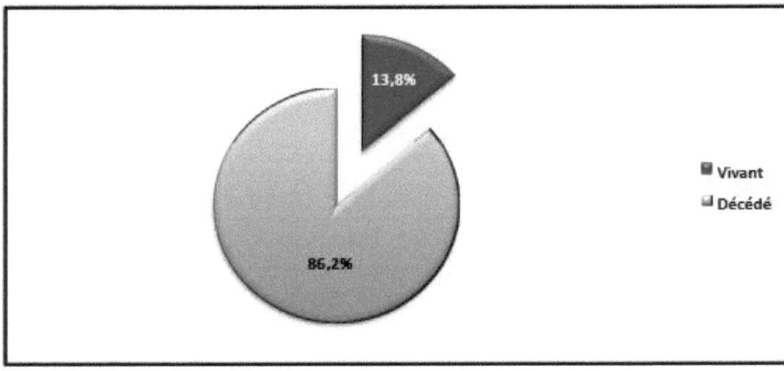

Figura 14: Evolução do doente durante a hospitalização

3.2.Período não-COVID

3.2.1. Perfil epidemiológico

3.2.1.1. Idade

Um total de 93 doentes foram admitidos na unidade de cuidados intensivos gerais entre 0106-2018 e 30-06-2019 por infeção bacteriana. A idade média dos pacientes foi de 55,6 anos com um desvio padrão de 17,9.

3.2.1.2. Género

A maioria dos doentes era do sexo masculino (n=62), com uma percentagem de 66,6% e um rácio de sexo de 2.

3.2.2. Perfil bacteriológico

3.2.2.1. Distribuição dos germes isolados por género e espécie

No nosso estudo, foram isoladas 198 estirpes dos 93 doentes incluídos, das quais 159 eram BGN, representando uma taxa de 80,3%, e 39 eram CGP, representando 19,7% de todos os isolados.

Os BGN foram divididos em 79 enterobactérias, 71 BGNNF e 9 estirpes *de Haemophilus spp.* Mais de metade das enterobactérias foram representadas por *K. pneumoniae* (n=34; 17,2%) e *E. coli* (n=16; 8,1%).

Os BGNNFs foram dominados *por P. aeruginosa* (n=36; 18,2%) e *A. baumannii* (n=34; 17,2%). Os estafilococos (n=31; 15,7%) foram os PGC predominantes **(Tabela VIII).**

Quadro VIII: Tipo de germes isolados de doentes em cuidados intensivos gerais durante o período sem COVID-19

Germes	Número de estirpes isoladas	Percentagem
BGN **Enterobactérias**	79	39,9%
K. pneumonia	34	17,2%
E. coli	16	8,1%
S. marcescens	5	2,5%
E. cloacae	4	2%

K. aerogenes	4	2%
M. morganii	4	2%
P. mirabilis	3	1,5%
C. koseri	3	1,5%
K. oxytoca	3	1,5%
P. stuartii	2	1%
P. rettgeri	1	0,5%
BGN não fermentativo	**71**	**35,9%**
P. aeruginosa	36	18,2%
A. baumannii	34	17,2%
S. maltophilia	1	0,5%
Haemophilus spp	**9**	**4,5%**
H. gripe	7	3,5%
H. parainfluenzae	2	1%
Total BGN	**159**	**80,3%**
CGP Estreptococos	**2**	**1%**
S. pneumoniae	2	1%
Staphylococci	**31**	**15,7%**
S. aureus	10	5%
SCN	21	10,6%
Enterococos	**6**	**3%**
E. faecium	1	0,5%
E. faecalis	5	2,5%
Total CGP	**39**	**19,7%**
Total de germes	**198**	**100%**

K. pneumoniae: Klebsiella pneumoniae; E. coli: Escherchia coli; S. marcescens: Serratia marcescens; E. cloacae: Enterobacter cloacae; K. aerogenes: Klebsiella aerogenes

M. morganii: Morganella morganii; P. mirabilis: Proteus mirabilis; C. koseri: Citrobacter koseri; K. oxytoca: Klebsiella oxytoca; P. stuartii: Providencia stuartii; P. rettgeri: Providencia rettgeri; P. aeruginosa: Pseudomonas aeruoginosa; A. baumannii: Acinetobacter baumannii; S. maltophilia: Stenotrophomonas maltophilia; H. influenzae: Haemophilus influenzae; H. parainfluenzae: Haemophilus parainfluenzae; S. pneumoniae: Streptococcus pneumoniae; S. aureus: Staphylococcus aureus; SCN: Staphylococcus a coagulase negativo; E. faecium: Enterococcus faecium; E. faecalis: Enterococcus faecalis

3.2.2.2. Natureza das amostras bacteriológicas

Na nossa série, 40,4% das estirpes foram isoladas de aspirados traqueais (n= 80; 40,4%), seguidas de hemoculturas (n= 36; 18,2%), enquanto as estirpes colhidas na urina tiveram uma incidência de 16,7% (n= 33) **(Quadro IX)**.

Tabela IX: Tipo de amostras bacteriológicas colhidas de doentes internados na unidade de cuidados intensivos durante o período não COVID

	Número de amostras	Percentagem
Aspiração traqueal	80	40,4%
Cultura de sangue	36	18,2%
Imposição sobre o equipamento	33	16,7%
ECBU	33	16,7%
Mais profundo ou menos	9	4,5%

profundo		
Cuspir	2	1%
Outros	5	2,5%
Total	**198**	**100%**

ECBU: exame citobacteriológico da urina; Outros: fluido de punção, dreno

3.2.2.3. Repartição das espécies por zona de amostragem

Nos 80 aspirados traqueais, os BGNNF estavam em maioria: eram essencialmente *P. aeruginosa* (n=21; 26,8%) e *A. baumannii* (n=16; 20%). Nas 36 hemoculturas efectuadas, predominaram *os SCN* (n=9; 25%) **(Figura 15).**

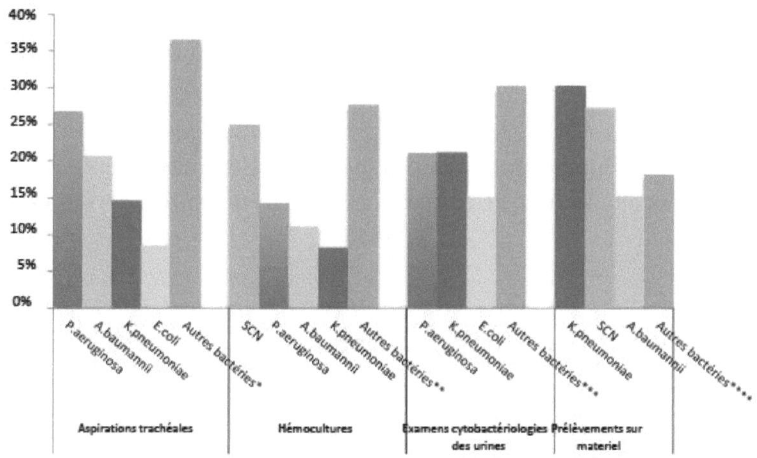

**P.* *penneri, H. parainfluenzae, K. oxytoca, P. rettgeri, C. koseri, E. aerogenes, E. cloacae, E. faecalis, S. maltophilia*

***E. faecalis, E. cloacae, M. morganii, K. oxytoca, E. aerogenes, P. stuartii, E. coli, S. aureus*

****A. baumannii, E. faecalis, P. mirabilis, SCN, E. aerogenes, C. koseri*

*****P. aeruginosa, M. morganii, S. aureus*

Figura 15: Germes isolados de várias amostras colhidas de doentes internados na unidade de cuidados intensivos durante o período sem COVID-19

3.2.3. Infecções bacterianas multi-resistentes

Durante este período de estudo, foram isoladas 82 BMR, representando 41,4% do total de estirpes bacterianas.

3.2.3.1. Distribuição dos diferentes tipos de bactérias multi-resistentes

O CARL/I representou 35,5% dos MRSA (n=29), seguido pelo EBRC3G (n=33; 40%). Foram isoladas três estirpes de MRSA, representando 3,7% de todos os MRSA **(Figura 16).**

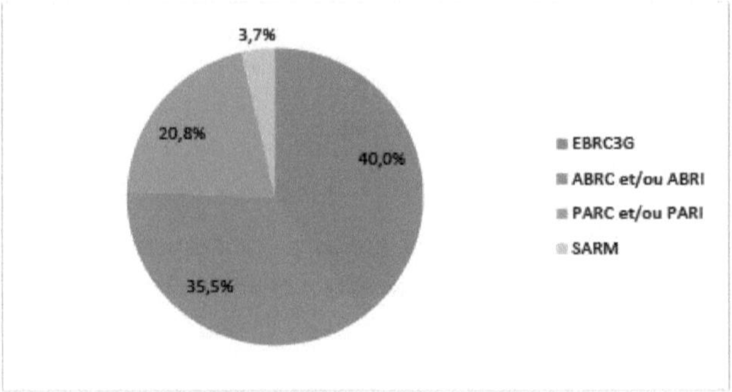

EBRC3G: Enterobacteriaceae resistentes às cefalosporinas de terceira geração. CARL e/ou IRFA: A. baumannii resistente à ceftazidima e/ou ao imipenem. PARC e/ou PARI: P. aeruginosa resistente à ceftazidima e/ou ao imipenem MRSA: S. aureus resistente à meticilina

Figura 16: Distribuição das bactérias multirresistentes isoladas de doentes internados na unidade de cuidados intensivos durante o período sem COVID

3.2.3.2. Distribuição de bactérias multirresistentes por tipo de amostra

Durante este período de estudo, quase metade dos BMRs foram isolados de aspirados traqueais (n=38; 46%) **(Figura 17)**.

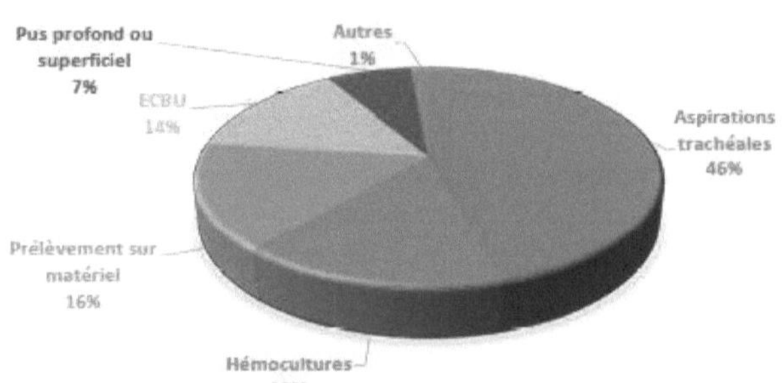

ECBU: exame citobacteriológico da urina; Outros: fluido de punção, dreno.

Figura 17: Distribuição de bactérias multi-resistentes por tipo de amostra

3.2.4. Progresso do doente

Mais de metade (51,6%) dos doentes internados na unidade de cuidados intensivos gerais por infeção bacteriana antes do período da COVID-19 tinham morrido **(Figura 18)**.

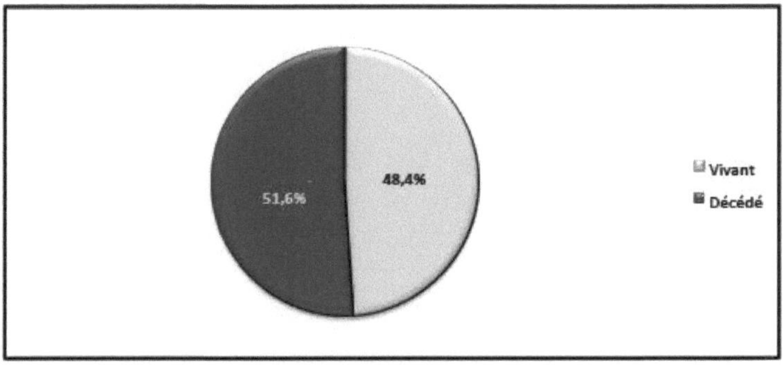

Figura 18: Evolução dos doentes com infecções bacterianas durante o período não COVID

3.3. Estudo comparativo

3.3.1. Idade média

A idade média dos doentes era de 62,5 e 55,6 anos durante os períodos COVID e não COVID, respetivamente.

A diferença foi estatisticamente significativa com um valor de p=0,02.

3.3.2. Género

Verificámos que o sexo masculino predominou tanto no período COVID como no período não COVID. Esta predominância não foi estatisticamente significativa p=0,65 **(Tabela X)**.

Tabela X: Variação do sexo dos pacientes entre os dois períodos

Variáveis		Período COVID-19 (n)	Período não COVID (n)	Total (n)	P
Género	Homens	138	62	200	0,65
	Mulher	80	31	111	
	Total	218	93	311	

n: número

3.3.3. Natureza das amostras bacterianas

Registou-se um aumento na taxa de aspirações traqueais e hemoculturas durante o período de COVID. Este aumento não foi estatisticamente significativo **(Figura 19)**.

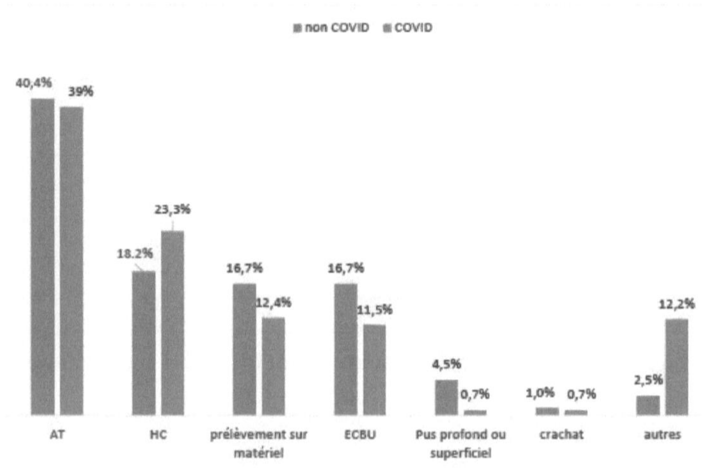

AT: aspiração traqueal; HC: hemocultura; ECBU: exame citobacteriológico de urina; Outros: fluido de punção, dreno

Figura 19: Variação da natureza das amostras ao longo dos dois períodos

3.3.4. Germes isolados

Registou-se um aumento no isolamento de cada uma das seguintes espécies: *A. baumannii, S. maltophilia, E. cloacae,* SCN, *S. marcescens* e *E. faecium* do período sem COVID para o período com COVID, ao contrário de *K. pneumoniae e P. aeruginosa*, cujas taxas de isolamento diminuíram ligeiramente. Estas variações não foram estatisticamente significativas **(Figura 20)**.

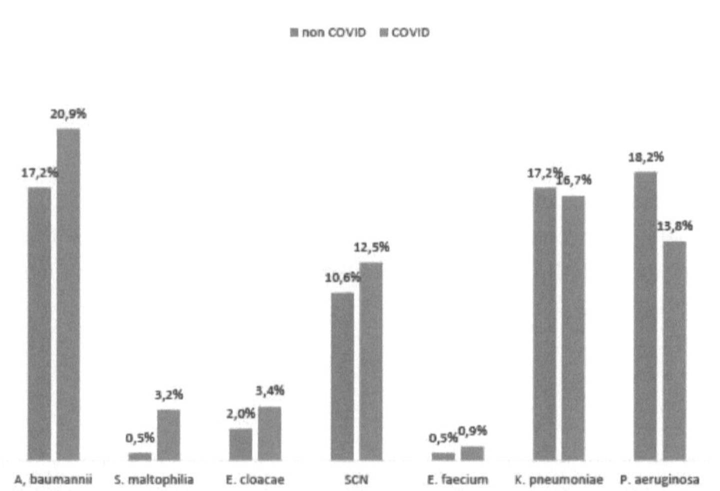

A. baumannii: *Acinetobacter baumannii*; *S. maltophilia*: *Stenotrophomonas maltophilia*; *E.*

cloacae: *Enterobacter cloacae*; SCN: staphylococcus a coagulase negativo; *S. marcescens* : *Serratia marcescens; E. faecium*: *Enterococcus faecium*

Figura 20: Variação dos germes nos dois períodos

3.3.5. Bactérias multi-resistentes

Entre os dois períodos, algumas TMBs aumentaram e outras diminuíram. Esta subida foi registada nas ABRI **(Figura 21).**

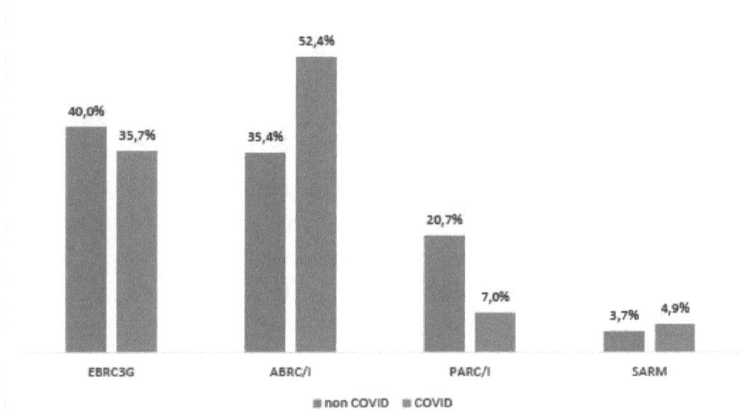

emeEBRC3G: enterobactérias resistentes às cefalosporinas de terceira geração.
ABRCI: A. baumannii resistente à ceftazidima e/ou ao imipenem.
PARCI: P. aeruginosa resistente à ceftazidima e/ou ao imipenem
MRSA: S. aureus resistente à meticilina

Figura 21: Variação das bactérias multi-resistentes ao longo dos dois períodos

Registou-se um aumento da taxa de isolamento de CARL/I durante o período COVID. Esta variação foi estatisticamente significativa para o CARL/I (p=0,03).

3.3.6. Progresso do doente

Registou-se um aumento significativo da taxa de mortalidade durante o período COVID (86,2%) em comparação com o período não COVID (51,6%) com p=0,02 **(Quadro XI).**

Quadro XI: Resultados dos doentes durante os dois períodos

Variáveis	Período COVID- 19 (n)	Período não-COVID (n)	Total (n)	P
Decides	188	48	236	**0,02**
Viver	30	45	75	
Total	218	93	311	

n: número

4. DISCUSSÃO

O aparecimento do vírus SARS-CoV-2 foi acompanhado de um aumento da morbilidade e da mortalidade, nomeadamente devido a infecções bacterianas. Um grande número de pacientes acabou por ser hospitalizado em cuidados intensivos, em condições desfavoráveis, em particular devido a um sistema de saúde enfraquecido por dificuldades económicas **[3,4,9]**. O objetivo do nosso estudo foi examinar as infecções bacterianas em doentes hospitalizados com COVID-19 em unidades de cuidados intensivos gerais e compará-las com o período anterior à pandemia de COVID-19, em particular tendo em conta a emergência de bactérias multi-resistentes.

Após a revisão dos registos médicos e a análise das estirpes microbianas, verificámos que factores como o sexo masculino e a idade estavam associados a um maior risco de gravidade. O envolvimento extenso da TC estava intimamente associado a um risco acrescido de admissão numa unidade de cuidados intensivos gerais. Os BGN, nomeadamente *A. baumannii, P. aeruginosa* e *K. pneumoniae*, foram os agentes patogénicos mais frequentemente identificados. As amostras mais frequentemente colhidas foram aspirados traqueais e hemoculturas. O risco de infeção variou de acordo com a idade e o sexo.

Comparando o período COVID-19 com o período não COVID-19, observámos um aumento significativo da idade média dos doentes. Observámos também um aumento da prevalência do isolamento de *A. baumannii* nas amostras, em particular nas ABRI

Além disso, registou-se um aumento da mortalidade durante o período COVID-19 em comparação com o período não COVID-19.

4.1. Estudo do período COVID

4.1.1. Perfil epidemiológico

A maioria dos estudos nacionais demonstrou que os doentes internados em unidades de cuidados intensivos são os mais susceptíveis de contrair uma infeção nosocomial durante a sua estadia **[38]**.

De acordo com Dridi et al., a unidade de cuidados intensivos apresenta o maior risco de superinfeção, com uma taxa de 23%, seguida da unidade cirúrgica com 22,4% **[39]**. Um estudo realizado em Genebra por Hugonnet et al. também mostrou que as unidades de cuidados intensivos estavam associadas ao maior risco de infecções nosocomiais, com uma taxa de 33% **[39,40]**.

4.1.1.1. Incidência

Durante o período do nosso estudo, verificámos que 22,9% dos doentes admitidos na unidade de cuidados intensivos com infeção por SARS-CoV-2 apresentavam também uma infeção bacteriana concomitante. Os nossos resultados indicam a segunda maior prevalência de superinfecções bacterianas em doentes reanimados com COVID-19, precedida por um estudo realizado na Arábia Saudita **(Quadro XII)**.

Quadro XII: Percentagem de infecções bacterianas nos doentes COVID-19 hospitalizado nos cuidados médicos intensivos

Estudos	Percentagens
Westblade LF et al (Espanha, 2022) **[41]**.	2,5%
Westblade LF et al (Inglaterra, 2022) **[41]**.	2,7%
Westblade LF et al (América, 2022) **[41]**.	3,5%
Langford BJ et al (Ásia, 2020) **[42]**.	6,9%
Pourajam S et al (Irão, 2022) **[43]**.	11,9%
Westblade LF et al (França, 2022)**[41]**.	19 ,8%
Said KB et al (Arábia Saudita, 2022) **[44]**.	36%
O nosso estudo	**22,9%**

A diferença de resultados entre os estudos pode ser explicada pela heterogeneidade das populações estudadas. Além disso, vários autores centraram-se apenas na co-infeção respiratória e não tiveram em conta outros locais de infeção **[45,46]**. De acordo com alguns estudos **[41]**, as más condições socioeconómicas, a falta de higiene, incluindo a utilização limitada de equipamento de proteção individual (EPI), a frequência reduzida de mudança do equipamento de ventilação e um menor número de pessoal qualificado são potenciais factores de risco que contribuem para o aumento das infecções bacterianas.

4.1.1.2. Idade

No nosso estudo, verificámos que a idade média dos doentes hospitalizados com COVID-19 na unidade de cuidados intensivos gerais era de 62,5 anos, com um desvio padrão de 12,5. Estes resultados estavam de acordo com vários outros estudos realizados na Alemanha e na China, bem como com uma meta-análise efectuada na Ásia durante o mesmo período, que também relataram idades médias semelhantes às do nosso estudo **[43,47-49]**. Esta idade média continuou a ser registada mesmo em 2022, tal como referido por Moreno-Garda E et al, Nebreda-Mayoral T et al, Naseef HA et al, Alqahtani A et al, e Pourajam S et al **[43,46,50-52]**.

De acordo com K.B.Said et al., as co-infecções bacterianas em doentes com infeção por COVID-19 estavam associadas a uma idade superior a 50 anos **[44]**. Esta observação pode ser explicada pela combinação da infeção por SARS-CoV-2 com outros factores de risco predisponentes, como a redução da atividade do sistema imunitário, que pode tornar os grupos etários mais velhos mais susceptíveis a infecções bacterianas ou fúngicas **[53]**. Os adultos mais velhos com COVID-19 apresentam frequentemente uma forma mais atípica da doença, com um risco acrescido de complicações e uma mortalidade mais elevada. Para além disso, o risco de morte aumenta significativamente com a idade **[54,55]**.

4.1.1.3. Género

No nosso estudo, verificámos que 63,3% dos doentes eram do sexo masculino, o que está de acordo com a literatura que mostra uma ligeira predominância do sexo masculino **(Tabela XIII)**.

Tabela XIII: Percentagem de doentes do sexo masculino na diferentes estudos

Estudos	Percentagem de homens
Alqahtani A et al (Arábia Saudita, 2022) **[52]**.	79,5 %
Bravo F et al (Espanha, 2022) **[56]**	69%
Li J et al (China, 2020) **[47]**	66,7%
Pourajam S et al (Irão, 2022) **[43]**.	63,6%
Langford BJ et al (Ásia, 2020) **[42]**.	54,2 %
Naseef HA et al (Palestina, 2022) **[51]**.	50,5%
O nosso estudo	**63,3%**

Há várias explicações possíveis para esta disparidade:

- Os homens têm uma maior atividade da enzima ACE-2, regulada pelas hormonas sexuais masculinas, o que pode contribuir para uma maior suscetibilidade à infeção por SARS-CoV-2 e para o agravamento dos resultados clínicos **[51]**.
- As taxas de tabagismo são mais elevadas nos homens, o que pode aumentar a sua exposição ao vírus e a sua vulnerabilidade às infecções respiratórias **[51]**.
- As mulheres podem ter uma menor suscetibilidade ao SARS-CoV-2 devido ao papel do cromossoma X e das hormonas sexuais na imunidade inata e adaptativa, o que as pode proteger parcialmente contra a infeção **[46]**.

Estas hipóteses podem ajudar a compreender a dominância masculina observada no nosso estudo e na literatura.

4.1.2. Perfil bacteriológico

As infecções bacterianas são uma causa frequente de hospitalização e as infecções nosocomiais são cada vez mais comuns, sobretudo nas unidades de cuidados intensivos, onde os doentes são particularmente vulneráveis a infecções e necessitam frequentemente de antibióticos para melhorar as suas hipóteses de sobrevivência.

Nos últimos anos, tem-se registado um aumento significativo da incidência de infecções causadas por BGN no contexto dos cuidados intensivos. Estas infecções estão associadas a uma elevada morbilidade e mortalidade **[57]**.

No nosso estudo, isolámos um total de 470 estirpes bacterianas, das quais 366 (77,9%) eram bacilos Gram-negativos (GNB) e 104 (22,1%) eram cocos Gram-positivos (GPC). Estes resultados são coerentes com a maioria dos estudos publicados. De facto, Aurilio C et al. também encontraram uma predominância de BGN (71,4%) em comparação com CGP **(Quadro III) [58]**. Estudos realizados na Bélgica, China e Arábia Saudita também demonstraram uma predominância de BGN em infecções nosocomiais **[45,47,52]**.

Os organismos mais frequentemente isolados no nosso estudo foram *A. baumannii* (20,9%), *K. pneumoniae* (16,7%), *P. aeruginosa* (13,8%) e SCN (12,5%). Estes resultados são consistentes com a literatura, embora algumas diferenças possam ser atribuídas aos critérios de inclusão de doentes, aos tipos de infecções estudadas e à ecologia bacteriana específica dos diferentes hospitais **(Tabela XIV) [43]**. Por exemplo, um estudo realizado em Espanha mostrou que as co-infecções comunitárias eram causadas principalmente por *S. pneumoniae* e *S. aureus*, enquanto as infecções nosocomiais eram causadas principalmente por *P. aeruginosa* e *E. coli* **[44,45,55,59-65]**.

De acordo com Garcia-Vidal C. et al, vários factores podem explicar as diferenças observadas entre os diferentes estudos, tais como o uso empírico de antibióticos, medidas de isolamento, ativação dos macrófagos do hospedeiro, e o uso de ventilação mecânica e cateteres **[48]**. Estes factores podem influenciar a distribuição das estirpes bacterianas e os padrões de resistência observados em cada estudo.

Quadro XIV: Germes isolados nos diferentes estudos

Estudos	Os germes mais isolados
Said KB et al (Irão, 2022) **[44]**.	*A. baumannii* (90%) *S. aureus* (10%)
Moreno-Garda E et al (Espanha, 2022) **[50]**.	*S. pneumoniae* (79%) *S. aureus* (6,8%) *H. influenzae* (6,8%)
Husain M et al (França, 2020) **[66]**	*P. aeruginosa* (29,6%) *S. aureus* (18,5%) *S. pneumoniae* (14,8%) *E. faecalis* (11,1%)
Li J et al (China, 2020) **[47]**	*A. baumannii* (35,8%) *K. pneumoniae* (30,8%) *S. maltophilia* (6,3%)
Westblade LF et al (Amerique, 2021) **[41]**.	SCN (21%) *Enterococcus spp.* (15%) *Klebsiella spp.* (15%) *P. aeruginosa* (13%) *S. aureus* (9%)

Alqahtani A et al (Arábia Saudita, 2022) **[52]**.	*K. pneumoniae* (57,69%) *A. baumannii* (11,5%)
O nosso estudo	*A. baumannii* (20,9%) *K. pneumoniae* (16,7%) *P. aeruginosa* (13,8%) SCN (12,5%)

SCN: staphylococcus a coagulase negativo

4.1.2.1. Distribuição dos germes por amostra

No nosso estudo, verificámos que o aspirado traqueal foi a amostra mais frequentemente positiva, representando 39% dos casos. As hemoculturas também foram frequentes, com uma taxa de positividade de 23,3%.

Estes resultados estão de acordo com outros estudos realizados por Pourajam S et al, De Bruyn A et al, e Naseef HA et al, onde predominaram as infecções respiratórias, particularmente a pneumonia associada à ventilação mecânica. Em contraste, outros estudos realizados por Zhou F et al. e Nebreda-Mayoral T et al. destacaram a sépsis e as infecções do trato urinário como as principais complicações em doentes de cuidados intensivos **[43,45,46,51,55,65,67]**.

De acordo com a literatura, as complicações respiratórias em doentes com COVID-19, como a traqueobronquite e a pneumonite, estão principalmente relacionadas com a redução da função de defesa das vias aéreas após procedimentos invasivos, como a entubação orotraqueal e a ventilação mecânica durante a hospitalização **[47,56]**.

A bacteriemia foi a segunda localização mais frequente de superinfecções bacterianas em doentes de cuidados intensivos com COVID-19. Estas deveram-se principalmente à PCG, tal como referido em estudos realizados por de Santis V et al. e Westblade LF et al. **[41,68]**.

As hemoculturas desempenham um papel essencial no diagnóstico microbiológico, em particular as hemoculturas diferenciais de cateteres venosos associados a punções venosas, que ajudam a minimizar os resultados erróneos **[69]**. Os dados sobre infecções do trato urinário em doentes com COVID-19 são limitados. A maioria dos estudos mostra uma predominância de BGN, como *E. coli* e *K. pneumoniae*, com a possibilidade de infecções polimicrobianas **[44,46,47,68]**. No entanto, um estudo realizado em Espanha, na região de Valladolid, em 2022, relatou uma predominância de CGP **[46,48]**.

Em resumo, o nosso estudo mostrou que as amostras respiratórias foram o local predominante de isolamento de germes, com uma elevada prevalência de *A. baumannii*, *P. aeruginosa* e *K. pneumoniae*. A bacteriemia e as infecções do trato urinário também foram frequentes, com perfis microbiológicos variáveis. Estes resultados estão globalmente de acordo com a literatura, embora possam existir variações em função das caraterísticas de cada população estudada e das práticas clínicas específicas de cada estabelecimento. Uma melhor compreensão da distribuição dos germes por amostra nas infecções bacterianas em doentes internados em unidades de cuidados intensivos ajudará a orientar estratégias de prevenção e tratamento adequadas para melhorar os resultados clínicos.

4.1.2.2. Resistência das estirpes aos antibióticos

A pandemia de COVID-19 tem sido acompanhada por um aumento do consumo de antibióticos por receio de superinfecções bacterianas em pacientes que sofrem desta doença. No entanto, este aumento do uso de antibióticos levou ao aparecimento e à propagação da resistência antimicrobiana, que representa um grande desafio para a saúde mundial. De acordo com um estudo de Costa et al, a multirresistência estava presente em 96% das estirpes *de A. baumannii* e em 57% das estirpes *de K. pneumoniae* **[70]**. Estima-se que, até 2050, a resistência antimicrobiana possa causar a morte de 10 milhões de pessoas e implicar custos de até 100 000 mil milhões de dólares **[71]**.

- **Perfil de resistência aos antibióticos em bacilos Gram-negativos não fermentativos**

No nosso estudo, quase todas as estirpes *de A. baumannii* eram bactérias multirresistentes, apresentando resistência à ceftazidima, ao imipenem, à ciprofloxacina, à amicacina e à colistina em 88,8%, 88,8%, 93,9%, 51% e 0% dos casos, respetivamente. Estes resultados foram semelhantes aos registados por Alqahtani A et al, Pourajam S et al, Said KB et al e Nebreda Mayoral T et al **[43,44,46,47,52]**.

De acordo com Perez S et al, o aumento do isolamento de *A. baumannii* multirresistente em estabelecimentos de cuidados de saúde pode ser atribuído à sua capacidade de contaminar facilmente o ambiente de prestação de cuidados aos doentes e as mãos do pessoal de saúde, bem como à sua capacidade de sobreviver durante longos períodos em superfícies secas e de ser transmitida por indivíduos assintomáticos colonizados **[72]**. Estes factores tornam esta epidemia difícil de controlar nas unidades de cuidados intensivos **[72]**.

Um relatório sobre doentes com COVID-19 em 19 unidades de cuidados intensivos na China mostrou que *a A. baumannii* resistente ao imipenem foi identificada em 63% dos isolados associados a infecções secundárias, principalmente pneumonia associada à ventilação mecânica **[70]**.

Relativamente à *P. aeruginosa*, as taxas de resistência observadas no nosso estudo para o imipenem, a ceftazidima, a amicacina e a colistina foram de 16,9%, 10,8%, 7,7% e 0%, respetivamente. Estes resultados são consistentes com os comunicados por Said KB et al, com exceção da resistência à colistina, que não se verificou no nosso estudo (6,7% em Said KB et al) **[44]**.

- **Perfil de resistência das enterobactérias aos antibióticos**

As Enterobacteriaceae, que são bacilos Gram-negativos, são uma das famílias mais importantes de bactérias envolvidas em doenças humanas. Incluem bactérias comensais que se encontram principalmente no trato digestivo **[73]** e agentes patogénicos rigorosos, como a *Salmonella Typhi* e *a Shigella dysenteriae*. Outras enterobactérias oportunistas podem causar infecções, principalmente em ambientes de cuidados intensivos, em doentes que são frequentemente frágeis. A resistência adquirida das enterobactérias às aminopenicilinas é elevada, mas esta resistência diminui na presença de ácido clavulânico. A combinação de piperacilina e tazobactam revelou-se a mais eficaz. Foram observados resultados semelhantes nos Camarões e em Espanha **(74-76)**.

No nosso estudo, verificámos que as nossas enterobactérias apresentavam resistência às cefalosporinas de terceira geração em 35,3% dos casos. Esta resistência foi descrita pela primeira vez em 1984 na Alemanha **[77]** e tem sido observada no Hospital Charles Nicolle em Tunes desde 1985 **[78]**, com um primeiro relatório em Sfax em 1988 **[79]**. Foram observadas variações significativas consoante a espécie bacteriana. Na nossa série, a taxa mais elevada de resistência às cefalosporinas de terceira geração foi observada na *K. pneumoniae* (89,1%). Esta resistência pode ser atribuída quer à aquisição de uma betalactamase de espetro alargado, quer à aquisição de uma cefalosporinase de origem cromossómica ou plasmática **[80]**.

Em comparação com outros estudos recentes, observámos uma taxa significativamente mais elevada de resistência às cefalosporinas de terceira geração no grupo KES (*Klebsiella*, *Enterobacter* e *Serratia*) em comparação com a Europa e os Estados Unidos, onde a taxa não excedeu 5% **[81,82]**. Esta diferença poderia ser explicada pela prevalência de infecções nosocomiais, pelo efeito da pressão de seleção antibiótica associada a determinadas práticas de cuidados de saúde e pelo incumprimento das medidas de higiene na presença de portadores de bactérias multirresistentes. Os carbapenemes demonstraram ser os antibióticos beta-lactâmicos mais eficazes contra as enterobactérias, tanto no nosso estudo como na literatura **[83]**.

- **Perfil de resistência dos cocos gram-positivos aos antibióticos**

Os PFMC, incluindo o *S. aureus*, os estafilococos coagulase-negativos e *o Enterococcus spp.* são agentes patogénicos frequentemente implicados em infecções hospitalares em todo o mundo. Uma das principais preocupações associadas a estes microrganismos é a sua crescente resistência aos antibióticos, que pode levar ao fracasso terapêutico. O combate à resistência aos antibióticos nos PFMC é, por conseguinte, essencial para garantir um tratamento eficaz e reduzir as complicações associadas às infecções nosocomiais **[84]**.

Nos últimos anos, tem-se registado um aumento acentuado da incidência de multirresistência em cocos Gram-positivos no contexto dos cuidados intensivos **[85]**. No nosso estudo, a maioria das estirpes estudadas mostrou resistência à penicilina G, o que está de acordo com os resultados de um estudo chinês **[86]** e de uma série africana **[87,88]**. Esta taxa de resistência é mais elevada do que a registada pelo Laboratoire d'Antibiotherapie et de Recherche Therapeutique (LART) e outras séries semelhantes. A resistência à meticilina foi observada em 45% das estirpes de Staphylococcus aureus no nosso estudo. Este resultado está de acordo com um estudo dos Camarões **[87]**, mas difere dos estudos da Argélia e do Egito **[89]**, onde a taxa de resistência atingiu 90% **[90]**.

Os aminoglicosídeos têm sido frequentemente utilizados na prática clínica, particularmente em combinação com antibióticos betalactâmicos ou glicopeptídeos, para o tratamento de infecções potencialmente fatais, como a endocardite estafilocócica. No nosso estudo, observámos uma taxa de resistência à gentamicina de 25% em S. aureus, o que é semelhante aos resultados de uma série nacional anterior **[91]**. No entanto, é de notar que um estudo realizado na Etiópia registou uma taxa de resistência mais baixa, o que pode ser explicado pela indisponibilidade de aminoglicosídeos **[92]**.

4.1.3. Bactérias multi-resistentes em doentes ventilados

A propagação de bactérias resistentes aos antibióticos é um importante problema de saúde pública a nível mundial **[93]**. As infecções causadas por estas bactérias são frequentemente complexas de tratar, levando a internamentos hospitalares mais longos, a um aumento da mortalidade e a custos mais elevados dos recursos em termos de tempo, mão de obra e consumíveis utilizados **[94,95]**.

Em pacientes ventilados, as aspirações traqueais foram o local de amostragem mais rico em BMR. De acordo com um estudo italiano, este facto foi atribuído à longa duração da ventilação mecânica e à permanência prolongada em unidades de cuidados intensivos **[68]**.

Entre os BMR isolados, *A. baumannii* foi o agente patogénico mais frequentemente encontrado, representando 52,4% dos casos, o que é consistente com os resultados do estudo realizado por Westblade LF et al. No entanto, de acordo com outro estudo realizado por Said KB et al, *P. aeruginosa* foi o agente patogénico mais frequentemente responsável pela pneumonia associada à ventilação mecânica, representando 34,7% dos casos **[44]**.

4.1.4. Progresso do doente

No nosso estudo, observámos que, entre os doentes admitidos nos cuidados intensivos por infeção por COVID-19 associada a infeção bacteriana, foi registada uma elevada taxa de mortalidade, atingindo 86,2%. Estes resultados são consistentes com muitos outros estudos que também registaram um elevado número de mortes em situações semelhantes **[41,43,44,46,47,55,59-64,96]**.

De acordo com o estudo efectuado por Gomez-Belda AB et al, a taxa de letalidade da COVID-19 aumenta significativamente com a idade. Os resultados mostraram que a taxa de letalite era inferior a 1% em pessoas com menos de 50 anos, aumentando para 1,3% em pessoas com 50 anos e 3,6% em pessoas com 60 anos **[54]**.

Apesar das medidas rigorosas de confinamento e quarentena adoptadas a nível mundial, a mortalidade causada pela COVID-19 continuou a aumentar, como demonstraram vários estudos **[68,97]**.

De acordo com um estudo italiano realizado em março de 2020, concluiu-se que os doentes com bacteriemia ou que desenvolveram uma infeção pulmonar tinham um maior risco de morte na unidade de cuidados intensivos **[68]**. Estes resultados sugerem que as infecções bacterianas podem ser uma das principais causas da elevada taxa de mortalidade em doentes com COVID-19, como outros estudos também demonstraram **[52,98]**.

De acordo com um estudo espanhol realizado em fevereiro de 2022, vários factores foram identificados como sendo preditivos de mortalidade em doentes com COVID-19. Estes factores incluíram o sexo masculino com várias comorbilidades, a presença de pneumonia, bacteriemia e superinfecções por *A. baumannii* **[46,47]**. Outros factores podem também contribuir, como a idade avançada e as condições de vida, que podem estar associadas a uma taxa mais elevada de resistência antimicrobiana **[51]**. Estes resultados sublinham a importância de ter em conta estes factores de risco ao avaliar e gerir os doentes com COVID-19, a fim de melhorar os resultados clínicos e reduzir a mortalidade.

4.2. Estudo do período não COVID

As infecções bacterianas no contexto dos cuidados intensivos sempre constituíram um importante desafio para a saúde pública e uma causa frequente de hospitalização, mesmo antes da era da COVID-19. Nos últimos 15 a 20 anos, esta situação agravou-se devido ao aparecimento de resistência bacteriana e à disponibilidade limitada de antibióticos eficazes **[50]**. Esta combinação de factores criou um ambiente propício ao desenvolvimento e à propagação de infecções difíceis de tratar, aumentando assim a complexidade e a gravidade dos casos encontrados na unidade de cuidados intensivos. As medidas adequadas de prevenção e gestão são essenciais para enfrentar este desafio e reduzir o impacto das infecções bacterianas no contexto dos cuidados intensivos.

4.2.1. Perfil epidemiológico

Todos os anos, mais de 650 000 pessoas nos Estados Unidos são afectadas por infecções bacterianas adquiridas no hospital, e mais de 20% destas infecções são causadas por agentes patogénicos resistentes aos antimicrobianos **[99]**.

De acordo com o estudo de Klein EY et al, a idade avançada e o sexo masculino foram identificados como os principais factores de risco para infecções bacterianas. Estes resultados foram confirmados pelo nosso próprio estudo **[100]**.

O principal local de colheita de amostras foi o respiratório, tanto na nossa série como na maioria dos estudos, seguido das hemoculturas e da urina. No entanto, de acordo com MacVane et al, as infecções bacterianas mais comuns nas unidades de cuidados intensivos foram a pneumonia, a infeção do local cirúrgico, seguidas de infecções gastrointestinais, infecções do trato urinário e bacteriemia. De acordo com um relatório de vigilância de 2017 sobre 11 282 doentes de 183 hospitais dos EUA, estima-se que *39%* dos casos de pneumonia estavam associados à ventilação mecânica. Esta forma de pneumonia, conhecida como pneumonia associada à ventilação mecânica, representa, por conseguinte, uma proporção significativa das infecções pulmonares nosocomiais. Além disso, a gripe provoca grandes epidemias todos os anos, afectando até 20% da população e causando uma morbilidade e mortalidade consideráveis. Estes números realçam a escala do problema e sublinham a importância da implementação de medidas de prevenção e controlo para limitar a propagação destas infecções e reduzir o seu impacto na saúde pública **[99]**. Os agentes patogénicos bacterianos foram uma das principais causas desta morbilidade e mortalidade **[99]**.

4.2.2. Perfil bacteriológico

A prevalência de infecções bacterianas no contexto dos cuidados intensivos causadas por bacilos gram-negativos (GNB) foi superior à dos cocos gram-positivos (GPC), que estava a diminuir. Esta tendência pode ser explicada, em parte, pelo desenvolvimento de novos antimicrobianos destinados principalmente ao controlo e tratamento de infecções causadas por GPC **[99]**. Estes resultados são consistentes com o nosso estudo, no qual os bacilos Gram-negativos (GNB) representaram 80,3% dos isolados, com uma predominância de *P. aeruginosa* (18,2%). Também estão de acordo com um estudo internacional de 4.947 pacientes de 75 países, onde 62% dos isolados positivos eram BGN. As espécies mais frequentemente registadas foram *Pseudomonas spp* (20%) e *E. coli* (16%), seguidas de *Klebsiella spp* e *Enterobacter spp*. Estes dados sublinham a importância dos BGN como agentes patogénicos predominantes das infecções bacterianas na UCI a nível mundial **[99]**.

No nosso estudo, o EBRC3G foi o tipo de MRB mais isolado, representando 40%, seguido do ABRC/I com 35,5%, enquanto o MRSA representou apenas

3,7% dos MRB.

Um estudo realizado pelo Hospital Universitário Sahloul em Sousse, Tunísia, durante um período de 6 anos (2012-2018) examinou casos de bacteriemia no ambiente de cuidados intensivos. As principais bactérias isoladas foram *A. baumannii* (26,7%), *K. pneumoniae* (20,5%) e *P. aeruginosa* (9,6%). Uma grande proporção das estirpes *de A. baumannii* isoladas eram resistentes ao imipenem (92,4%), mas não foi registada qualquer resistência à colistina. Relativamente à *K. pneumoniae*, a resistência ao imipenem estava presente em 4,1% dos casos. Relativamente à *P. aeruginosa*, a resistência à ceftazidima foi observada em 21,5% dos casos e a resistência ao imipenem em 30,4% dos casos **[101]**.

De acordo com um estudo realizado em 2019 em Mumbai, na Índia, foram registados 686 casos de bacteriemia na unidade de cuidados intensivos de um hospital privado. 80% dos germes isolados eram BGN e 10% eram CGP. A prevalência de produtores de ESBL foi de 80%. As taxas de resistência aos carbapenemes foram, em média, de 50% **[102]**.

Um estudo realizado em 2017 na unidade central de cuidados intensivos do centro clínico de Kragujevac, na Sérvia, revelou que os agentes patogénicos mais comuns eram *Acinetobacter spp*. e *P. aeruginosa*, representando mais de 60% dos isolados. A taxa de suscetibilidade aos carbapenemes e às cefalosporinas de 4.ª geração foi de cerca de 30-35% para a *P. aeruginosa* e de cerca de 15-20% para a *A. baumannii*. Não foi observada qualquer resistência à colistina e à tigeciclina contra bacilos Gram-negativos. No caso do *S. aureus* resistente à meticilina (MRSA), não foi detectada qualquer resistência aos glicopeptídeos ou à linezolida **[103]**.

De acordo com um estudo tunisino realizado em 2018, os agentes patogénicos não fermentativos, em particular *a A. baumannii*, foram os microrganismos mais frequentemente identificados nas unidades de cuidados intensivos, representando 66% dos casos. Uma grande parte destas bactérias era resistente aos carbapenemes, principalmente devido à produção da enzima OXA-23. As Enterobacteriaceae foram o segundo microrganismo mais frequentemente isolado, tendo-se registado o aparecimento de enterobacteriaceae produtoras de beta-lactamases de espetro alargado (ESBLs) e carbapenemases **[104]**.

4.2.3. Progresso do doente

No nosso estudo, verificámos que mais de metade (51,6%) dos doentes admitidos nos cuidados intensivos com uma infeção bacteriana antes do período da COVID-19 infelizmente morreram. Estes resultados são semelhantes aos do estudo realizado por Solmaz i et al, que também registou uma taxa de mortalidade de 45,9% **[105]**.

Kumari P et al registaram uma taxa de mortalidade de 69,6% em doentes ventilados e de 34,1% em doentes não ventilados **[106]**. Estes números sublinham a gravidade das infecções bacterianas no contexto dos cuidados intensivos e a importância de tomar medidas eficazes para prevenir e tratar estas infecções, a fim de reduzir a morbilidade e a mortalidade associadas.

4.3.Estudo comparativo dos dois períodos

De acordo com um estudo turco publicado em março de 2022, verificou-se que, antes da pandemia, cerca de 7,5% dos doentes hospitalizados na unidade de cuidados intensivos gerais tinham infecções bacterianas. No entanto, esta percentagem aumentou para 11,1% dos doentes hospitalizados na unidade de cuidados intensivos para a COVID-19 após a pandemia. A mortalidade também aumentou, de 83,6% para 94% entre os períodos pré-COVID e COVID-19 **[107]**. Estes resultados são consistentes com as conclusões do nosso estudo, salientando o impacto significativo da pandemia nas infecções bacterianas e na mortalidade no contexto dos cuidados intensivos.

É interessante notar que os germes isolados antes e depois do período da COVID-19 eram semelhantes. De acordo com o estudo realizado por Bahge YG et al, os microrganismos mais frequentemente isolados nas unidades de cuidados intensivos pré-pandémicas foram *A. baumannii, K. pneumoniae, P. aeruginosa, S. aureus* e *E. coli*. Durante o período da COVID-19, os microrganismos mais frequentemente detectados foram *A. baumannii, K. pneumoniae, P. aeruginosa* e *E. faecium* **[107]**. Estes resultados são consistentes com o nosso estudo, onde isolámos principalmente *A. baumannii, P. aeruginosa, K. pneumoniae* e SCN durante o período da COVID-19. No entanto, durante o período sem COVID, predominou *a P. aeruginosa*, seguida da A. *baumannii* e *da K. pneumoniae*. Estes dados sublinham a importância da vigilância contínua de agentes patogénicos no contexto dos cuidados intensivos, particularmente durante o período pandémico da COVID-19.

De acordo com Bahge YG et al, as taxas de resistência aos antibióticos nas estirpes *de A. baumannii* aumentaram após a pandemia, com exceção da tigeciclina **[107]**. Isto difere do nosso estudo, no qual foi isolado um aumento da resistência à tigeciclina. Relativamente à *K. pneumoniae*, registou-se um aumento da resistência ao meropenem, ao ertapenem, ao ácido amoxicilina-clavulânico, à combinação piperacilina-tazobactam, à ciprofloxacina, à tigeciclina e à cefepima **[107]**. Este facto foi confirmado pelo nosso estudo.

CONCLUSÃO

As infecções bacterianas sempre constituíram um importante problema de saúde pública a nível mundial, especialmente tendo em conta a preocupante propagação da multirresistência aos antibióticos. Este problema foi ainda mais agravado pela pandemia de COVID-19, que pôs em evidência as deficiências dos sistemas de saúde em muitas áreas, ao mesmo tempo que salientou a capacidade das nações para enfrentar os desafios através da cooperação entre diferentes intervenientes. Na Tunísia, a situação é particularmente dramática devido à crise económica e ao envelhecimento das infra-estruturas, o que resultou num número alarmante de 29 423 mortes desde o início de 2022.

O nosso estudo é um dos primeiros a examinar o impacto da infeção por SARS-CoV-2 na epidemiologia das infecções bacterianas em ambientes de cuidados intensivos na Tunísia, comparando estes resultados com o período pré-pandémico.

Após o estudo de 470 registos médicos e estirpes bacterianas, observámos que a idade avançada e o sexo masculino eram factores de risco para infecções bacterianas em doentes internados na unidade de cuidados intensivos por COVID-19.

Também observámos que os BGN foram os microrganismos mais frequentemente isolados, em particular *A. baumannii*, que mostrou um aumento significativo em comparação com o período pré-COVID. Estas estirpes eram predominantemente CARL/I e foram encontradas principalmente em amostras de aspirado traqueal. Este foi um dos principais factores determinantes da gravidade e da mortalidade, sobretudo tendo em conta a resistência verificada a certos antibióticos.

É essencial que o pessoal de saúde mantenha padrões rigorosos de higiene das mãos e precauções padrão e específicas, a fim de prevenir infecções e limitar a propagação de bactérias multi-resistentes. Além disso, é fundamental que os antibióticos sejam prescritos de forma criteriosa para reduzir a seleção de estirpes resistentes. Esta abordagem é essencial para evitar a perda de vidas, a utilização ineficaz de antibióticos e o prolongamento dos internamentos nos cuidados intensivos. Em geral, recomenda-se que a terapêutica antimicrobiana adequada seja iniciada rapidamente, logo que seja diagnosticada uma infeção em doentes em estado crítico.

Um dos maiores desafios colocados pelas suspeitas de infecções bacterianas multi-resistentes é racionalizar a prescrição de tratamentos de largo espetro para abranger os agentes patogénicos mais prováveis e encontrar um equilíbrio entre eficácia e danos colaterais.

Recomenda-se vivamente a vigilância local, uma vez que os padrões de

resistência podem variar de uma UCI para outra. Cada UCI tem as suas próprias caraterísticas, dependendo do país, do perfil local de resistência aos antibióticos, do estado de saúde dos doentes, das suas caraterísticas específicas e da gravidade das infecções.
De acordo com Martin-Loeches I et al, recomenda-se a adoção de estratégias de dosagem alternativas baseadas nos princípios da farmacocinética e da farmacodinâmica, em vez de seguir uma dosagem padrão. Esta abordagem optimiza a eficácia do tratamento antimicrobiano e melhora os resultados clínicos. Ao ajustar a dosagem de acordo com as caraterísticas específicas do doente, como o estado de saúde, a função renal, o peso corporal e outros factores, é possível obter concentrações terapêuticas óptimas para combater as infecções bacterianas. Isto ajuda a reduzir o risco de desenvolvimento de resistência e maximiza a eficácia do tratamento.
Dada a dimensão do problema colocado pela COVID-19 e o risco vital que esta questão atual representa, a investigação sobre a emergência de novos mecanismos de resistência bacteriana representa um grande desafio, especialmente tendo em conta o número limitado de antibióticos disponíveis.

REFERÊNCIAS

1. Shah NS, Greenberg JA, McNulty MC, Gregg KS, Riddell J, Mangino JE, et al. Co-infecções bacterianas e virais que complicam a gripe grave: Incidência e impacto em 507 pacientes dos EUA, 2013-14. J Clin Virol. 2016;80:12-9.
2. Rice TW, Rubinson L, Uyeki TM, Vaughn FL, John BB, Miller RR, et al. Doença crítica causada pelo vírus da gripe A pandémica de 2009 e co-infeção bacteriana nos Estados Unidos. Crit Care Med. 2012;40(5):1487-98.
3. Organização Mundial de Saúde. Gestão clínica da COVID-19: orientação provisória. Genebra: OMS; 2020.
4. Alhazzani W, M0ller MH, Arabi YM, Loeb M, Gong MN, Fan E, et al. Campanha de sobrevivência à sepse: diretrizes sobre o manejo de adultos gravemente enfermos com doença de coronavírus 2019 (COVID-19). Intensive Care Med. 2020;46(5):854-87.
5. Elmezayen AD, Al-Obaidi A, §ahin AT, Yelekgi K. Reaproveitamento de medicamentos para o coronavírus (COVID-19): rastreio in silico de medicamentos conhecidos contra o coronavírus 3CL hidrolase e enzimas protease. J Biomol Struct Dyn. 2021;39(8):2980-92.
6. Sarma P, Shekhar N, Prajapat M, Avti P, Kaur H, Kumar S, et al. Identificação assistida por homologia in silico do inibidor da ligação de RNA contra a proteína N de 2019- nCoV (domínio terminal N). J Biomol Struct Dyn. 2021;39(8):2724-32.
7. Organização Mundial de Saúde. Painel de controlo do coronavírus (COVID-19) da OMS [Online]. 2021 [Acedido em 30/11/2021]. Disponível em: https:// covid19.who.int
8. Elfiky AA. Os produtos naturais podem interferir na ligação do SARS-CoV-2 à célula hospedeira. J Biomol Struct Dyn. 2021;39(9):3194-203.
9. Chen T, Wu D, Chen H, Yan W, Yang D, Chen G, et al. Caraterísticas clínicas de 113 pacientes falecidos com doença de coronavírus 2019: estudo retrospetivo. BMJ. 2020;368:1-12.
10. Tyrrell D, Bynoe ML. Cultivo de vírus de uma elevada proporção de pacientes com constipações. Lancet. 1966;287:76-7.
11. Chen X, Ran L, Liu Q, Hu Q, Du X, Tan X. Higiene das mãos, comportamentos de uso de máscara e seus fatores associados durante a epidemia de COVID-19: um estudo transversal entre alunos do ensino fundamental em Wuhan, China. Int J Environ Res Public Health. 2020;17(8):1-11.
12. Ravi V, Saxena S, Panda PS. Basic virology of SARS-CoV 2. Indian J Med Microbiol. 2022;40(2):182-6.
13. Shereen MA, Khan S, Kazmi A, Bashir N, Siddique R. Infeção por COVID-19: Emergência, transmissão e caraterísticas dos coronavírus humanos. J Adv

Res. 2020;24:91-8.
14. Organização Mundial de Saúde. Modos de transmissão do vírus causador da COVID-19: implicações para as recomendações de precaução do PCI. Genebra: OMS; 2020.
15. Salas-Benito JS, De Nova-Ocampo M. Interferência viral e persistência em flavivírus transmitidos por mosquitos. J Immunol Res. 2015;2015:1-15.
16. Makoti P, Fielding BC. Co-infecções por VIH e coronavírus humano: uma perspetiva histórica. Viruses. 2020;12(9):1-13.
17. Griffiths EC, Pedersen AB, Fenton A, Petchey OL. A natureza e as consequências da co-infeção em seres humanos. J Infect. 2011;63(3):200-6.
18. Van der Hoek L, Pyrc K, Berkhout B. Human coronavirus NL63, um novo vírus respiratório. FEMS Microbiol Rev. 2006;30(5):760-73.
19. Bengoechea JA, Bamford CG. SARS-CoV-2, co-infecções bacterianas e AMR: o trio mortal em COVID-19? EMBO Mol Med. 2020;12(7):1-4.
20. Hoque MN, Akter S, Mishu ID, Islam MR, Rahman MS, Akhter M, et al. Co-infecções microbianas em COVID-19: Microbiota associada e mecanismos subjacentes de patogénese. Microb Pathog. 2021;156:1-10.
21. Nepogodiev D, Bhangu A, Glasbey JC, Li E, Omar OM, Simões JF, et al. Mortalidade e complicações pulmonares em doentes submetidos a cirurgia com infeção perioperatória por SARS-CoV-2: um estudo de coorte internacional. Lancet. 2020;396:27-38.
22. Hendaus MA, Jomha FA, Alhammadi AH. Infeção bacteriana secundária induzida por vírus: uma revisão concisa. Ther Clin Risk Manag. 2015;11:1265-71.
23. Hendaus MA, Jomha FA. Infeção bacteriana sobreposta induzida por COVID-19. J Biomol Struct Dyn. 2021;39(11):4185-91.
24. Rose MC, Voynow JA. Genes de mucina do trato respiratório e glicoproteínas de mucina na saúde e na doença. Physiol Rev. 2006;86(1):245-78.
25. Akira S, Uematsu S, Takeuchi O. Reconhecimento de agentes patogénicos e imunidade inata. Cell. 2006;124(4):783-801.
26. Chamaillard M, Hashimoto M, Horie Y, Masumoto J, Qiu S, Saab L, et al. Um papel essencial para o NOD1 no reconhecimento pelo hospedeiro do peptidoglicano bacteriano que contém ácido diaminopimélico. Nat Immunol. 2003;4(7):702-7.
27. Cook DN, Pisetsky DS, Schwartz DA. Toll-like receptors in the pathogenesis of human disease. Nat Immunol. 2004;5(10):975-9.
28. Doughty LA, Nguyen KB, Durbin JE, Biron CA. A Role for IFN-αβ in virus infection-induced sensitization to endotoxin. J Immunol. 2001;166(4):2658- 64.

29. Passariello C, Schippa S, Conti C, Russo P, Poggiali F, Garaci E, et al. Os rinovírus promovem a internalização de Staphylococcus aureus em pneumócitos de cultura não totalmente permissivos. Microbes Infect. 2006;8(3):758-66.
30. Kim D, Quinn J, Pinsky B, Shah NH, Brown I. Taxas de co-infeção entre o SARS-CoV-2 e outros agentes patogénicos respiratórios. JAMA. 2020;323(20):2085- 6.
31 Organização Mundial de Saúde. Doença do coronavírus (COVID-19). Genebra: OMS; 2020.
32. Hendaus MA. Remdesivir no tratamento da doença coronavírus 2019 (COVID-19): um resumo simplificado. J Biomol Struct Dyn. 2021;39(10):3787-92.
33. Zhou F, Yu T, Du R, Fan G, Liu Y, Liu Z, et al. Curso clínico e factores de risco para a mortalidade de adultos internados com COVID-19 em Wuhan, China: um estudo de coorte retrospetivo. Lancet Lond Engl. 2020;395:1054-62.
34. Guan W, Ni Z, Hu Y, Liang W, Ou C, He J, et al. Caraterísticas clínicas da doença de coronavírus 2019 na China. N Engl J Med. 2020;382(18): 1708-20.
35. Chen N, Zhou M, Dong X, Qu J, Gong F, Han Y, et al. Caraterísticas epidemiológicas e clínicas de 99 casos de pneumonia por novo coronavírus de 2019 em Wuhan, China: um estudo descritivo. Lancet. 2020;395:507-13.
36. Meier MA, Branche A, Neeser OL, Wirz Y, Haubitz S, Bouadma L, et al. Tratamento antibiótico guiado por procalcitonina em pacientes com hemoculturas positivas: uma meta-análise de ensaios randomizados no nível do paciente. Clin Infect Dis. 2019;69(3):388-96.
37. Lansbury L, Lim B, Baskaran V, Lim WS. Co-infecções em pessoas com COVID-19: uma revisão sistemática e meta-análise. J Infect. 2020;81(2):266-75.
38. Kallel H, Bahoul M, Ksibi H, Dammak H, Chelly H, Hamida CB, et al. Prevalência de infeção hospitalar num hospital tunisino. J Hosp Infect. 2005;59(4):343-7.
39. Dridi E, Chetoui A, Zaoui A. Investigação da prevalência de infeção nosocomial num hospital regional tunisino. Sante Publique Vandoeuvre-- Nancy Fr. 2006;18(2):187-94.
40. Hugonnet S, Pittet D. Hand hygiene revisited: Lessons from the past and present (A higiene das mãos revisitada: Lições do passado e do presente). Curr Infect Dis Rep. 2000;2(6):484-9.
41. Westblade LF, Simon MS, Satlin MJ. Coinfecções bacterianas na doença do coronavírus 2019. Trends Microbiol. 2021;29(10):930-41.
42. Langford BJ, So M, Raybardhan S, Leung V, Westwood D, MacFadden DR, et al. Co-infeção bacteriana e infeção secundária em pacientes com COVID-19: uma revisão rápida e meta-análise viva. Clin Microbiol Infect.

2020;26(12):1622-9.
43. Pourajam S, Kalantari E, Talebzadeh H, Mellali H, Sami R, Soltaninejad F, et al. Infeção bacteriana secundária e caraterísticas clínicas em pacientes com COVID-19 admitidos em duas unidades de cuidados intensivos de um hospital académico no Irão durante a primeira vaga da pandemia. Front Cell Infect Microbiol. 2022;12:1-9.
44. Said KB, Alsolami A, Moussa S, Alfouzan F, Bashir AI, Rashidi M, et al. Os perfis clínicos e as taxas de fatalidade da COVID-19 em pacientes hospitalizados revelam agravamento de casos e co-infeção selectiva por bactérias gram-negativas limitadas. Int J Environ Res Public Health. 2022;19(9):1-16.
45. De Bruyn A, Verellen S, Bruckers L, Geebelen L, Callebaut I, De Pauw I, et al. Infeção secundária em pacientes criticamente doentes com COVID-19: Uma avaliação retrospetiva de um único centro. BMC Infect Dis. 2022;22(1):1-7.
46. Nebreda-Mayoral T, Miguel-Gomez MA, March-Rossello GA, Puente-Fuertes L, Canton-Benito E, Martinez-Garcia AM, et al. Infeção bacteriana / fúngica em pacientes hospitalizados com COVID-19 em um hospital terciário na comunidade de Castilla y Leon, Espanha. Enfermedades Infecc Microbiol Clin. 2022;40(4):158-65.
47. Li J, Wang J, Yang Y, Cai P, Cao J, Cai X, et al. Etiologia e resistência antimicrobiana de infecções bacterianas secundárias em pacientes hospitalizados com COVID-19 em Wuhan, China: uma análise retrospetiva. Antimicrob Resist Infect Control. 2020;9(1):1-7.
48. Garcia-Vidal C, Sanjuan G, Moreno-Garda E, Puerta-Alcalde P, Garcia-Pouton N, Chumbita M, et al. Incidência de co-infecções e superinfecções em pacientes hospitalizados com COVID-19: um estudo de coorte retrospetivo. Clin Microbiol Infect. 2021;27(1):83-8.
49. Rothe K, Feihl S, Schneider J, Wallnofer F, Wurst M, Lukas M, et al. Taxas de co-infecções bacterianas e uso de antimicrobianos em pacientes com COVID-19: Um estudo de coorte retrospetivo à luz da administração de antibióticos. Eur J Clin Microbiol Infect Dis. 2021;40(4):859-69.
50. Moreno-Garda E, Puerta-Alcalde P, Letona L, Meira F, Duenas G, Chumbita M, et al. Co-infeção bacteriana na admissão hospitalar em pacientes com COVID-19. Int J Infect Dis. 2022;118:197-202.
51. Naseef HA, Mohammad U, Al-Shami N, Sahoury Y, Abukhalil AD, Dreidi M, et al. Co-infecções bacterianas e fúngicas entre pacientes hospitalizados na UTI COVID-19 em um hospital palestino: um estudo transversal retrospetivo. F1000Research. 2022;11:30.
52. Alqahtani A, Alamer E, Mir M, Alasmari A, Alshahrani MM, Asiri M, et al.

As co-infecções bacterianas aumentam a mortalidade de doentes graves com COVID-19 na Arábia Saudita. Int J Environ Res Public Health. 2022;19(4):1-11.
53. Rafat Z, Ramandi A, Khaki PA, Ansari S, Ghaderkhani S, Haidar H, et al. Co-infecções fúngicas e bacterianas do trato respiratório entre pacientes com COVID-19 hospitalizados em unidades de terapia intensiva. Gene Rep. 2022;27:1- 5.
54. Gomez-Belda AB, Fernandez-Garces M, Mateo-Sanchis E, Madrazo M, Carmona M, Piles-Roger L, et al. COVID-19 em adultos mais velhos: Quais são as diferenças em relação aos pacientes mais jovens? Geriatr Gerontol Int. 2021;21(1):60-5.
55. Zhou F, Yu T, Du R, Fan G, Liu Y, Liu Z, et al. Curso clínico e factores de risco para a mortalidade de adultos internados com COVID-19 em Wuhan, China: um estudo de coorte retrospetivo. Lancet. 2020;395:1054-62.
56. Bravo F, Galvan G, Arancibia JM. Infecções bacterianas em pacientes com COVID-19 hospitalizados em unidade de terapia intensiva. Rev Chil Infect. 2022;39(2):224- 6.
57. Seidel J, Haller S, Eckmanns T, Harder T. Rastreio de rotina para colonização por bactérias Gram-negativas em recém-nascidos em unidades de cuidados intensivos para a previsão de sépsis: revisão sistemática e meta-análise. J Hosp Infect. 2018;99(4):367-80.
58. Aurilio C, Sansone P, Paladini A, Barbarisi M, Coppolino F, Pota V, et al. Prevalência de resistência a múltiplos fármacos na área da COVID. Life Basel Switz. 2021;11(7):1-8.
59. Huang C, Wang Y, Li X, Ren L, Zhao J, Hu Y, et al. Caraterísticas clínicas dos pacientes infectados com o novo coronavírus de 2019 em Wuhan, China. Lancet. 2020;395:497-506.
60. Chen N, Zhou M, Dong X, Qu J, Gong F, Han Y, et al. Caraterísticas epidemiológicas e clínicas de 99 casos de pneumonia por novo coronavírus de 2019 em Wuhan, China: um estudo descritivo. Lancet. 2020;395:507-13.
61. Lai CC, Wang CY, Hsueh PR. Co-infecções entre pacientes com COVID-19: A necessidade de terapia combinada com agentes não anti-SARS-CoV-2? J Microbiol Immunol Infect. 2020;53(4):505-12.
62. Ding Q, Lu P, Fan Y, Xia Y, Liu M. As caraterísticas clínicas dos doentes com pneumonia co-infectados com o novo coronavírus de 2019 e o vírus da gripe em Wuhan, China. J Med Virol. 2020;92(9):1549-55.
63. Li H, Chen K, Liu M, Xu H, Xu Q. O perfil dos subconjuntos de linfócitos do sangue periférico e citocinas séricas em crianças com nova pneumonia por coronavírus de 2019. J Infect. 2020;81(1):115-20.

64. Kim D, Quinn J, Pinsky B, Shah NH, Brown I. Taxas de co-infeção entre o SARS-CoV-2 e outros agentes patogénicos respiratórios. JAMA. 2020;323(20):2085-6.
65. Rouze A, Martin-Loeches I, Povoa P, Makris D, Artigas A, Bouchereau M, et al. Relação entre a infeção por SARS-CoV-2 e a incidência de infecções do trato respiratório inferior associadas ao ventilador: um estudo de coorte multicêntrico europeu. Intensive Care Med. 2021;47(2):188-98.
66. Husain M, Valayer S, Poey N, Rondinaud E, D'Humieres C, Visseaux B, et al. Co-infeção e superinfeção bacteriana em pacientes hospitalizados por COVID-19: um estudo retrospetivo de um único centro. Med Mal Infect. 2020;50(6):S21.
67. Grasselli G, Cattaneo E, Florio G. Infecções secundárias em pacientes criticamente enfermos com COVID-19. Crit Care. 2021;25(1):1-6.
68. De Santis V, Corona A, Vitale D, Nencini C, Potalivo A, Prete A, et al. Infecções bacterianas em doentes críticos com infeção por SARS-2-COVID-19: resultados de um estudo prospetivo observacional multicêntrico. Infection. 2022;50(1):139-48.
69. Jarding EK, Flynn Makic MB. Central line care and management: adopting evidence-based nursing interventions. J Perianesthesia Nurs. 2021;36(4):328-33.
70. Costa RL, Lamas C, Simvoulidis LF, Espanha CA, Moreira LP, Bonancim RA, et al. Infecções secundárias em uma coorte de pacientes com COVID-19 internados em uma unidade de terapia intensiva: impacto da resistência bacteriana gram-negativa. Rev Inst Med Trop Sao Paulo. 2022;64:1-10.
71. Lucien MA, Canarie MF, Kilgore PE, Jean-Denis G, Fenelon N, Pierre M, et al. Antibióticos e resistência antimicrobiana na era da COVID-19: Perspetiva a partir de contextos com recursos limitados. Int J Infect Dis. 2021;104:250-4.
72. Perez S, Innes GK, Walters MS, Mehr J, Arias J, Greeley R, et al. Aumento da infeção e colonização por acinetobacter baumannii resistente a carbapenem adquirida em hospital num hospital de cuidados agudos durante um surto de admissões COVID-19. Morb Mortal Wkly Rep. 2020;69(48):1827-31.
73. Arbune M, Decusara M, Macovei LA, Romila A, lancu AV, Indrei LL, et al. Vigilância da resistência aos antibióticos entre estirpes de Enterobacteriaceae isoladas num hospital de doenças infecciosas da Roménia. Rev Chim. 2018;69:1240-3.
74. Ebongue CO, Tsiazok MD, Mefo'o JP, Ngaba GP, Beyiha G, Adiogo D. Evolução da resistência aos antibióticos das Enterobacteriaceae isoladas no Hospital Geral de Douala de 2005 a 2012. Pan Afr Med J. 2015;20:1-11.
75. Michel-Briand Y. Resistance to the latest beta-lactams: mechanisms of acquisition and spread of resistance in Enterobacteriacea]. Bull Acad Natl Med.

2007;191(1):35-50;
76. Ruppe E, Woerther PL, Barbier F. Mechanisms of antimicrobial resistance in Gram-negative bacilli (Mecanismos de resistência antimicrobiana em bacilos Gram-negativos). Ann Intensive Care. 2015;5(1):1-15.
77. Shah PM, Stille W. Estirpes de Escherichia coli e Klebsiella pneumoniae mais susceptíveis à cefoxitina do que às cefalosporinas de terceira geração. J Antimicrob Chemother. 1983;11(6):597-8.
78. Ben Redjeb S, Ben Yaghlane H, Boujnah A, Philippon A, Labia R. Synergy between clavulanic acid and newer beta-lactams on nine clinical isolates of Klebsiella pneumoniae, Escherichia coli and Salmonella typhimurium resistant to third-generation cephalosporins. J Antimicrob Chemother. 1988;21(2):263-6.
79. Hammami A, Arlet G, Ben Redjeb S, Grimont F, Ben Hassen A, Rekik A, et al. Surto nosocomial de gastroenterite aguda numa unidade de cuidados intensivos neonatais na Tunísia causado por Salmonella wien resistente a múltiplos fármacos e produtora de SHV-2 beta-lactamase. Eur J Clin Microbiol Infect Dis. 1991;10(8):641-6.
80. Rhimi-Mahjoubi F, Bernier M, Arlet G, Jemaa ZB, Jouve P, Hammami A, et al. Identificação da cefalosporinase ACC-1 codificada por plasmídeo entre várias enterobactérias (Klebsiella pneumoniae, Proteus mirabilis, Salmonella) isoladas de um hospital tunisino (Sfax 997-2000). Pathol Biol. 2002;50(1):7-11.
81. Fluit AC, Jones ME, Schmitz FJ, Acar J, Gupta R, Verhoef J. Antimicrobial susceptibility and frequency of occurrence of clinical blood isolates in Europe from the SENTRY antimicrobial surveillance program, 1997 and 1998. Clin Infect Dis. 2000;30(3):454-60.
82. Diekema DJ, Pfaller MA, Jones RN, Doern GV, Winokur PL, Gales AC, et al. Survey of bloodstream infections due to gram-negative bacilli: frequency of occurrence and antimicrobial susceptibility of isolates collected in the United States, Canada, and Latin America for the sentry antimicrobial surveillance program, 1997. Clin Infect Dis. 1999;29(3):595-607.
83. Almeida TL, Mendo T, Costa R, Novais C, Margal M, Martins F, et al. Colonização de recém-nascidos por enterobacteriaceae produtoras de carbapenemases (CPE) numa unidade de cuidados intensivos neonatais (UCIN) portuguesa: Epidemiologia e medidas de prevenção e controlo de infeção. Infect Dis Rep. 2021;13(2):411- 7.
84. Beigverdi R, Sattari-Maraji A, Jabalameli F, Emaneini M. Prevalência de genes que codificam enzimas modificadoras de aminoglicosídeos em isolados clínicos de cocos gram-positivos no Irão: Uma revisão sistemática e meta-análise. Microb Drug Resist. 2020;26(2):126-35.
85. Alvarez-Lerma F, Grau S, Gracia-Arnillas MP. Infecções por cocos Gram-

positivos em cuidados intensivos: guia para a seleção de antibacterianos. Drugs. 2006;66(6):751-68.
86. Luo XQ, Gong YL, Zhang C, Liu MX, Shi YL, Peng YZ, et al. Análise da distribuição e resistência aos medicamentos de agentes patogénicos isolados de 159 doentes com infeção da corrente sanguínea relacionada com cateteres na unidade de cuidados intensivos de queimaduras. Zhonghua Shao Shang Za Zhi. 2020;36(1):24-31.
87. Ebongue CO, Mengue ER, Mefo'o J, Tsiazok MD, Kouassi RN, Bum EN. Multirresistência antimicrobiana de acinetobacter baumanii isolada de espécimes clínicos em Douala (Camarões). J Dis Med Plants. 2015;1(2):31- 6.
88. Gitau W, Masika M, Musyoki M, Museve B, Mutwiri T. Antimicrobial susceptibility pattern of Staphylococcus aureus isolates from clinical specimens at Kenyatta national Hospital. BMC Res Notes. 2018;11(1):1-5.
89. Aissou M, Bousnane NEH, Kaoueche S. Etude de la résistance aux antibiotiques des souches Staphylococcus aureus isolees du milieu hospitalier [En Ligne]. 2018 [Acedido em 05/07/2023]; Disponível em: http://localhost:8080/xmlui/handle/123456789/5447
90. Azzab MM, El-Sokkary RH, Tawfeek MM, Gebriel MG. Bactérias multirresistentes entre pacientes com pneumonia associada à ventilação mecânica em uma unidade de terapia intensiva de emergência, Egito. East Mediterr Health. 2017;22(12):894-903.
91. Krir A, Dhraief S, Messadi AA, Thabet L. Bacteriological profile and antibiotic resistance of bacteria isolated in a burns resuscitation unit over seven years. Ann Burns Fire Disasters. 2019;32(3):197-202.
92. Deyno S, Toma A, Worku M, Bekele M. Perfil de resistência antimicrobiana de isolados de staphylococcus aureus isolados de descargas auriculares de pacientes no hospital especializado abrangente da Universidade de Hawassa. BMC Pharmacol Toxicol. 2017;18(1):1-7.
93. Tran GM, Ho-Le TP, Ha DT, Tran-Nguyen CH, Nguyen TS, Pham TT, et al. Padrões de resistência antimicrobiana em pacientes de unidades de cuidados intensivos: um estudo no Vietname. BMC Infect Dis. 2017;17(1):1-7.
94. Moutaouakkil Y, Siah S, Bennana A, Tadlaoui Y, Makram S, Cherrah Y, et al. Reavaliação clínico-biológica da antibioterapia provável na reanimação de queimaduras. Ann Burns Fire Disasters. 2018;31(1):35-41.
95. Shrestha P, Cooper BS, Coast J, Oppong R, Do Thi Thuy N, Phodha T, et al. Enumerar o custo económico da resistência antimicrobiana por antibiótico consumido para informar a avaliação das intervenções que afectam a sua utilização. Antimicrob Resist Infect Control. 2018;7:1-9.
96. Wu C, Chen X, Cai Y, Xia J, Zhou X, Xu S, et al. Fatores de risco

associados à síndrome do desconforto respiratório agudo e morte em pacientes com pneumonia por doença coronavírus 2019 em Wuhan, China. JAMA Intern Med. 2020;180(7):934-43.

97. Grasselli G, Zangrillo A, Zanella A, Antonelli M, Cabrini L, Castelli A, et al. Caraterísticas de base e resultados de 1591 doentes infectados com SARS-CoV-2 internados em UCI da região da Lombardia, Itália. JAMA. 2020;323(16):1574-81.

98. Lansbury L, Lim B, Baskaran V, Lim WS. Co-infecções em pessoas com COVID-19: uma revisão sistemática e meta-análise. J Infect. 2020;81(2):266-75.

99. MacVane SH. Resistência antimicrobiana na unidade de terapia intensiva: um foco em infecções bacterianas gram-negativas. J Intensive Care Med. 2017;32(1):25- 37.

100. Klein EY, Monteforte B, Gupta A, Jiang W, May L, Hsieh YH, et al. The frequency of influenza and bacterial coinfection: a systematic review and meta-analysis. Influenza Other Respir Viruses. 2016;10(5):394-403.

101. Ayari H, Azouzi F, Hammouda A, Boughattas S, Tilouche L, Ketata S, et al. Microbiological profile of bacteremia in intensive care. Infect Dis Now. 2021;51:41-2.

102. Singhal T, Shah S, Thakkar P, Naik R. A incidência, etiologia e suscetibilidade antimicrobiana de infecções da corrente sanguínea associadas à linha central em pacientes da unidade de cuidados intensivos num hospital privado de cuidados terciários em Mumbai, Índia. Indian J Med Microbiol. 2019;37(4):521-6.

103. Djordjevic ZM, Folic MM, Jankovic SM. Distribuição e suscetibilidade a antibióticos de agentes patogénicos isolados de adultos com pneumonia adquirida no hospital e associada à ventilação mecânica na unidade de cuidados intensivos. J Infect Public Health. 2017;10(6):740-4.

104. Jamoussi A, Ayed S, Ben Ismail K, Chtara K, Bouaziz M, Mokline A, et al. The prevalence of healthcare-associated infection in medical intensive care units in Tunisia. Resultados do estudo multicêntrico nosoreal. Tunis Med. 2018;96:731-6.

105. Solmaz i, Kalin BS. Avaliação da resistência aos antibióticos de agentes infecciosos em pacientes com pneumonia em unidade de terapia intensiva terciária e efeito nos resultados clínicos. Int J Clin Pract. 2021;75(4):1-17.

106. Kumari P, Datta P, Gombar S, Sharma D, Chander J. Epidemiologia e resultado clínico de eventos associados à ventilação em um hospital terciário do norte da Índia. Trop Doct. 2021;51(2):162-7.

107. Bailee YG, Acer O, Ozudogru O. Avaliação de agentes bacterianos isolados de culturas de aspirado endotraqueal de pacientes de cuidados

intensivos gerais COVID-19 e seus perfis de resistência a antibióticos em comparação com condições pré-pandémicas. Microb Pathog. 2022;164:1-7.

MIX
Papier aus verantwortungsvollen Quellen
Paper from responsible sources
FSC® C105338

Printed by Books on Demand GmbH, Norderstedt / Germany